零基础

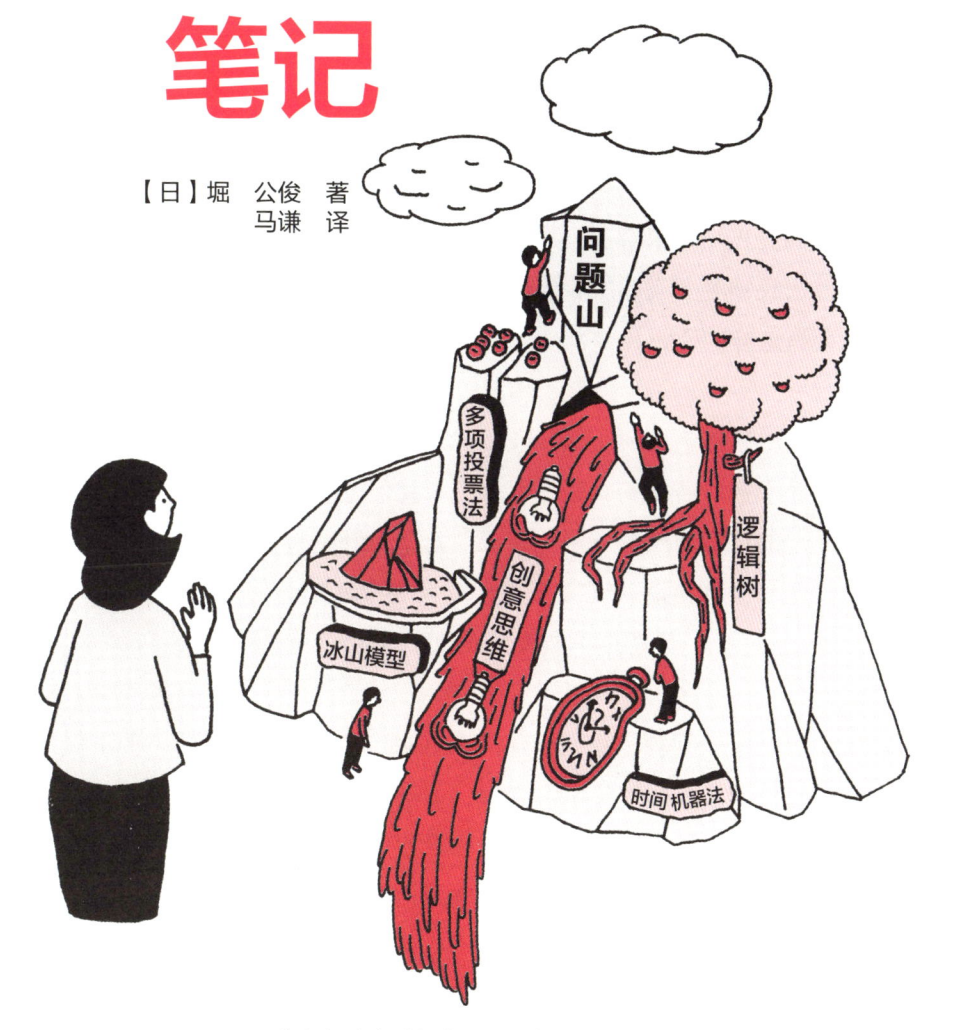

问题解决笔记

【日】堀 公俊 著
马 谦 译

中国科学技术出版社
·北京·

前言

人人都能掌握解决问题的技术

  对存在的问题放任不管,最终导致问题积重难返。靠所谓灵光一现来解决问题,而使问题变得越来越糟。以为问题已经得到圆满解决,但谁知问题却卷土重来。很多人可能都有这样的经历。

  工作、金钱、健康、人际关系……我们的日常生活充满了各种各样的问题。可以说,我们的人生就是不断解决问题的过程。如果谁说他自己"万事顺利,从没遇到过任何问题",那我们就要注意了,他很可能只是甘于现状、不能正视问题而已。问题迟早要爆发,到那时他就会措手不及。

  解决问题是我们在日常生活中一定要面对的事情,但不知为何,我们的父母、老师、上司却往往不会教我们该如何去做。一般来说,我们都是根据经验,逐步建立属于自己的解决问题的方式。可是,就像我们在开头说的,只靠这种自己摸索出来的方式很可能是不行的。即便我们愿意付出最大的努力,但如果努力的方向错了,那么所有的努力也只能付之东流。

解决问题的关键不是感觉,而是技术。无论是谁,只要掌握基本的思考方法并且不断实践,其解决问题的能力就能达到一定水准。人们还开发了许多可以帮助我们解决问题的工具。所以,面对问题,我们可以有所作为。只要方法正确,我们就能避免犯错误。

本书将把人人都可掌握的解决问题的理论及技术以通俗易懂的方式介绍给读者。如果对书中的内容产生一些共鸣,建议您一定要去实践一下。日积月累,我们就能不断拓展自己解决问题的技能,甚至可能成为解决问题的专家。希望本书能够起到抛砖引玉的作用。

堀　公俊

目 录
Contents

前言
人人都能掌握解决问题的技术

第 1 章 解决问题的程序

导语
知晓解决问题的步骤 ………… 2

01 何为"问题"
现实（As Is）/ 理想（To Be）、差距法 ……………………… 4

02 仅凭经验与直觉无法解决所有问题
KKD ……………………………… 6

03 解决问题有基本的程序
四个步骤 ………………………… 8

04 找到真正需要解决的问题
三个条件 ………………………… 10

05 从原因入手寻找解决问题的根本方法
瞄准重点 ………………………… 12

06 有创造力才能想出办法
创意思维 ………………………… 14

07 将最佳方案落实到具体的行动中
计划、执行 ……………………… 16

08 让解决问题的循环动起来
改良循环 ………………………… 18

09 逻辑思维与创意思维
逻辑思维、创意思维 …………… 20

10 对信息的收集与分析需要两个视角
定量分析、定性分析 …………… 22

11 根据有限的信息设定问题
假说思维 ………………………… 24

可视化图表 1　矩阵 …………… 26
可视化图表 2　饼状图 ………… 27

专栏 1
重置常识与过往经验 …………… 28

第 2 章 问题的解决始于"发现"问题

导语
学会发现问题 …………………… 30

01 问题的三种类型
显在型、潜在型、追求理想型 … 32

02	"获取信息"对发现问题至关重要
	"三实主义" ········· 34

03	没有接收信息的"天线"就无法发现问题
	色彩浴效应 ········· 36

04	运用洞察力
	洞察力 ············· 38

05	抓住趋势与模式
	时间轴、历史地图 ····· 40

06	世事变化中隐藏着发现问题的线索
	变化、征兆 ········· 42

07	不要关注本就无解的问题
	可控性 ············· 44

08	通过"6W2H"分析法锁定问题
	"6W2H"分析法 ····· 46

09	发现问题的着眼点
	时、空、人 ········· 48

10	从外因入手发现潜在问题
	PEST 分析法 ········· 50

11	从三个视角提出问题
	3C 分析法 ··········· 52

12	从四个视角勾画理想蓝图
	SWOT 分析法 ········· 54

13	畅想理想状态
	奇迹提问 ··········· 56

可视化图表 3　柱状图 ········· 58
可视化图表 4　条形图 ········· 59

专栏 2
"平均之上"是一种自我认知的偏差 ········· 60

第 3 章
探求问题产生的原因

导语
培养探索原因的能力 ········· 62

01	深挖原因
	原因分析法 ········· 64

02	尽量细致思考问题
	逻辑树 ············· 66

03	整理问题要做到无疏漏、无重复
	MECE ············· 68

04	找出影响因素，探求问题本质
	特征因素图 ········· 70

05	找出因素之间的关联
	关联图 ············· 72

06 通过视觉把握流程与关联性
　　流程图 ························· 74

07 找到共通的因素
　　亲和图法 ······················· 76

08 探求导致成功（失败）的因素
　　标杆分析法 ····················· 78

09 找出低效的业务
　　三不法则 ······················· 80

10 防止出现重大事故及失败
　　海因里希法则 ··················· 82

11 找出关键因素
　　帕累托法则 ····················· 84

12 发现价值不匹配
　　CS/CE ························ 86

可视化图表 5　折线图 ············· 88
可视化图表 6　雷达图 ············· 89

专栏 3
自上而下还是自下而上 ············· 90

第 4 章
培养思考能力

导语
学会思考解决方案 ················· 92

01 百花齐放
　　头脑风暴法 ····················· 94

02 拓展思维
　　思维导图 ······················· 96

03 细化问题，方便思考
　　举一反三 ······················· 98

04 给出大致的答案
　　费米估算 ······················ 100

05 从新的视角思考问题
　　奥斯本检核表 ·················· 102

06 思考如何提高工作效率
　　ECRS 分析法 ·················· 104

07 从相似处寻找启示
　　NM 法 ························ 106

08 将不同的视角组合在一起
　　矩阵法 ························ 108

09 将不同的因素组合起来
　　结合式思维 ···················· 110

10 排除固有概念
　　逆向设定法 ···················· 112

11 尝试把假说具体化
　　原型开发 ······················ 114

12 系统化地思考办法
　　华莱士四阶段 ·················· 116

可视化图表 7　气泡图 ············ 118

可视化图表 8　面积图 ………… 119

专栏 4
松懈也有助于提高效率 ………… 120

第 5 章
确定解决方案的方法

导语
选择最佳的解决方案 ………… 122

01 对益处与弊端进行总结
利弊表 ………… 124

02 从三个视角进行筛选
多项投票法、NUF 测试法 …… 126

03 将选项的优先顺序可视化
支付矩阵 ………… 128

04 合理地选择最佳选项
决策矩阵 ………… 130

05 对所做选择将导致的后果进行预判
决策树 ………… 132

06 给工作定出先后顺序
重要度・紧急度矩阵 ………… 134

07 明确责任与职责
"3W"、RACI 模型 ………… 136

08 应对不确定性
风险分析 ………… 138

09 让改进的循环转动起来
PDCA 循环 ………… 140

10 回顾工作，为今后积累经验
KPT 模型 ………… 142

11 设定具有挑战性的目标
SMART 原则 ………… 144

12 不让目标消失
时间机器法、反推法 ………… 146

13 找到想做的工作
职业锚、想做/能做/必须做… 148

可视化图表 9　阶梯图 ………… 150
可视化图表 10　直方图 ………… 151

专栏 5
趋同偏向的陷阱 ………… 152

第 6 章
解决难题

导语
改变理解问题的方式 ………… 154

01 选择正确的方式来理解问题
技术性问题、适应性问题 …… 156

02 利用长处来解决问题
　　积极向上法 ·················· 158

03 改变看问题的视角
　　认知转变法、重构 ·········· 160

04 问题存在于两难困境的结构之中
　　TOC ······························ 162

05 改变原因与结果的循环结构
　　系统性思维 ···················· 164

06 理解问题产生的基本结构
　　心理模型、冰山模型 ········ 166

07 降低组织的免疫机能
　　免疫图 ··························· 168

08 将人与问题分离
　　叙事疗法 ························ 170

09 利益相关者会商
　　会场法 ···························· 172

10 发现打破思维屏障的办法
　　突破式思维 ····················· 174

可视化图表 11　欧拉图 ············ 176
可视化图表 12　流程图 ············ 177

专栏 6 -
遇到瓶颈时可以给自己发一封邮件
··· 178

第 1 章

解决问题的程序

无论何时，无论什么工作，
解决问题的程序都是相同的。
本章将围绕解决问题的程序展开论述。

导语
知晓解决问题的步骤

"解决问题的方法"是人生的万能药

我们的人生就是要不断解决新的问题。工作、家庭、人际交往、未来规划，问题总是会出现，而采用什么样的方法来解决问题，这甚至会让我们的人生发生改变。正因为如此，可能很多人都想努力提高自己解决问题的能力。"不让相同的问题出现第二次""将遇到的所有问题全部逐一解决"，也许你身边就有能如此行事的人。可以说，这些人正是懂得"解决问题的方法"并擅长拿出具体对策的人。但是，并非只有那些特别优秀的人才能掌握解决问题的方法，其实只要记住正确的程序，任何人都做得到，只不过很多人没有找到"解决问题的方法"。

方法介绍

不清楚"解决问题的方法"，往往就会依赖自身的经验及直觉来解决问题。虽然不能说经验与直觉就一定不会发挥作用，但如果是人生经验尚浅或是直觉并不算太好的人，那就很可能因此得出错误的答案。长期以来，学者、咨询师、治疗专家等专业人士提出了许多种"解决问题的方法"，但没有一种方法可以包治百病，我们需要做到有的放矢，针对具体的情况来选择最适宜的方法。解决问题的方法超过一百种，要把每种方法都牢记在心是很困难的。不过，解决问题的程序很简单，本书将其分成四个步骤加以介绍。详细内容在后文中还会提到，这里简单列举如下。

1　发现问题

如果不知道问题所在，那就无从解决问题。我们要找到需要解决的问题，然后再着手进行下一步的工作。（⇒**第2章**）

2　探求原因

对问题进行分析，就能让导致问题的真正原因浮出水面。如果不进行细致认真的分析，即便找到办法，恐怕也只能解一时之需。（⇒**第3章**）

3　提出方案

知道了问题的原因，就要思考需要采取什么方案来解决问题。先不要管效果及可行性，重要的是尽可能多地提出点子。（⇒**第4章**）

4　做出决定

我们应从众多的方案当中选择效果最佳、可行性最高的方案。找不到适合的方案，所有事情都无从谈起。（⇒**第5章**）

在这四个步骤中，包含了许多有利于解决问题的具体方法。即便我们直觉不好、经验不够丰富，只要有了这些方法，就能让我们一步一步迈向胜利。如果没能解决问题，建议不要改变四个步骤的顺序，可以继续尝试一下其他的方法。

本章主要介绍解决问题的大致流程与内容，在作为晋级篇的最后一章还会进行更进一步的讲解。只要能够读透本书，深入理解书中内容，相信您解决问题的能力一定会有飞跃。

关键词 ➡ ☑ 现实（As Is）/理想（To Be）、差距法

01 何为"问题"

解决问题的这个"问题"究竟指什么？本节将探讨问题的定义及发现问题的方法。

要解决问题，首先要发现问题是什么。发现问题时最常用的方法就是将现实（As Is）与理想（To Be）进行比较。人一般都不会满足现状，都会有"想成为××"或者"想做××"的目标。但是理想与现实之间必然存在差距。这个差距就是我们应该去解决的"问题"。

何为"问题"

"问题"就是理想状态与现状之间的差距。

例如，我们假设一个人周末休息时也在工作。这只不过是一个简单的事实性陈述。当"周末休息时还是想把更多的时间留给自己"成为一个目标或理想时，这个事实才会变成问题。这种思考方式被称为现实（As Is）/理想（To Be）或者差距法。消除差距，让现状接近理想就是所谓的解决问题。

向理想靠近就是解决问题

通过比较现状与理想，弄清楚二者之间的差距。消除这个差距就是解决问题。

理想

周末想放松一下。

现状

疲惫不堪

怎样才能靠近理想呢？

如何才能消除这个差距？

工作繁忙，周末也要上班。

提高效率？

培养下属？

第1章 解决问题的程序

关键词 ➡ ✅ KKD

02 仅凭经验与直觉无法解决所有问题

解决问题时，不能只靠经验和直觉，采用正确的方法才是关键。

KKD 就是经验（K）、直觉（K）、魄力（D）（均为单词日语发音的首个字母——译者注）的缩写。过去人们采用这种方法消除理想与现实之间的差距，从而解决问题。KKD 的优点是基于经验和直觉行事，从而省去了思考的环节。只要有魄力，就能快速做出决断。而且如果是经验可发挥作用的老问题，这种方法还是有一定效果的，对这一点确实不能视而不见。

过去的KKD

过去的KKD存在缺点。在面对经验无法发挥作用的新问题时，往往不容易找到答案。而直觉是很难验证的，因此无法让人完全信服，也不能根本解决问题。而且，这种老方法解决问题的成功率也非常不稳定。因此，我们需要以假说、验证、数据为基础，通过合理的思考来找到可以解决问题的新KDD。

新的KKD

关键词 ➡ ☑ 四个步骤

03 解决问题有基本的程序

解决问题有发现问题、探求原因、提出方案、做出决定四个基本步骤。

正如前面所讲，所谓问题就是理想与现实之间的差距，如何使现实靠近理想就是解决问题的方法。为此，我们需要<u>发现问题、探求·整理·聚焦引发问题的原因、提出解决问题的方案、实施具体的行动</u>。这四个步骤是解决问题的基本程序。

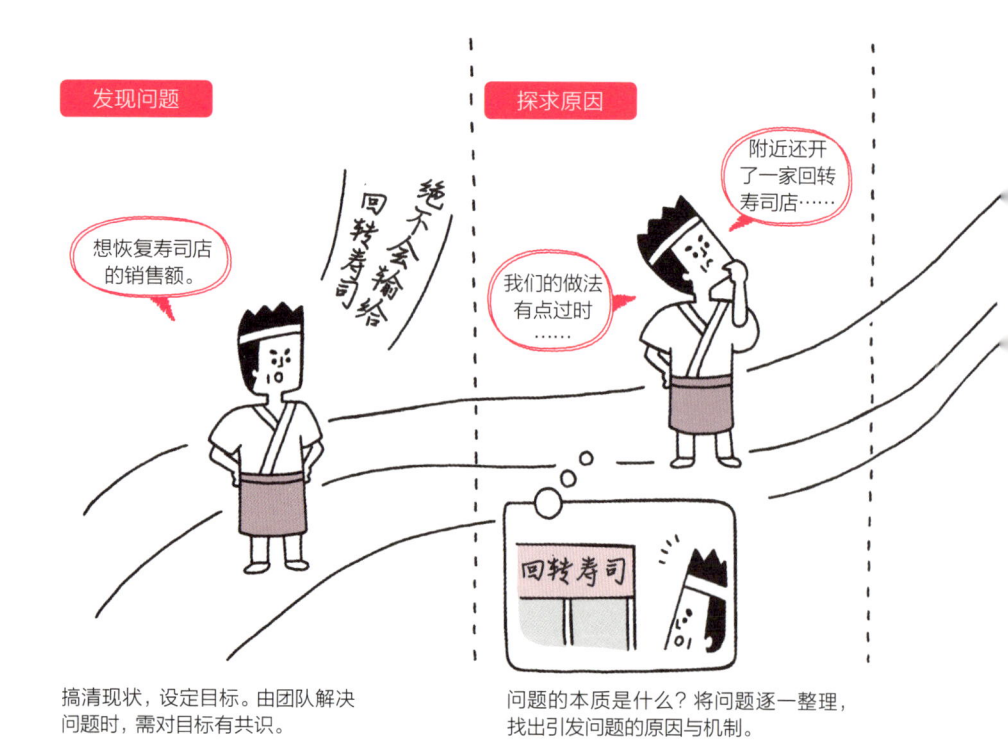

解决问题的基本程序

发现问题

想恢复寿司店的销售额。

绝不会输给回转寿司

探求原因

附近还开了一家回转寿司店……

我们的做法有点过时……

回转寿司

搞清现状，设定目标。由团队解决问题时，需对目标有共识。

问题的本质是什么？将问题逐一整理，找出引发问题的原因与机制。

接下来我们将详细解释这四个步骤。在发现问题的环节,要搞清现状并确立目标。之后,对问题的本质及产生机制进行整理,找出真正的原因。在提出方案的环节,最重要的是尽可能提出更多的点子。最后,在决定如何行动的环节,要选出一个最佳方案并制订实施计划。<u>如果没能解决问题,则重复之前的各个步骤,再次寻找合适的答案,这需要非常有耐心。</u>

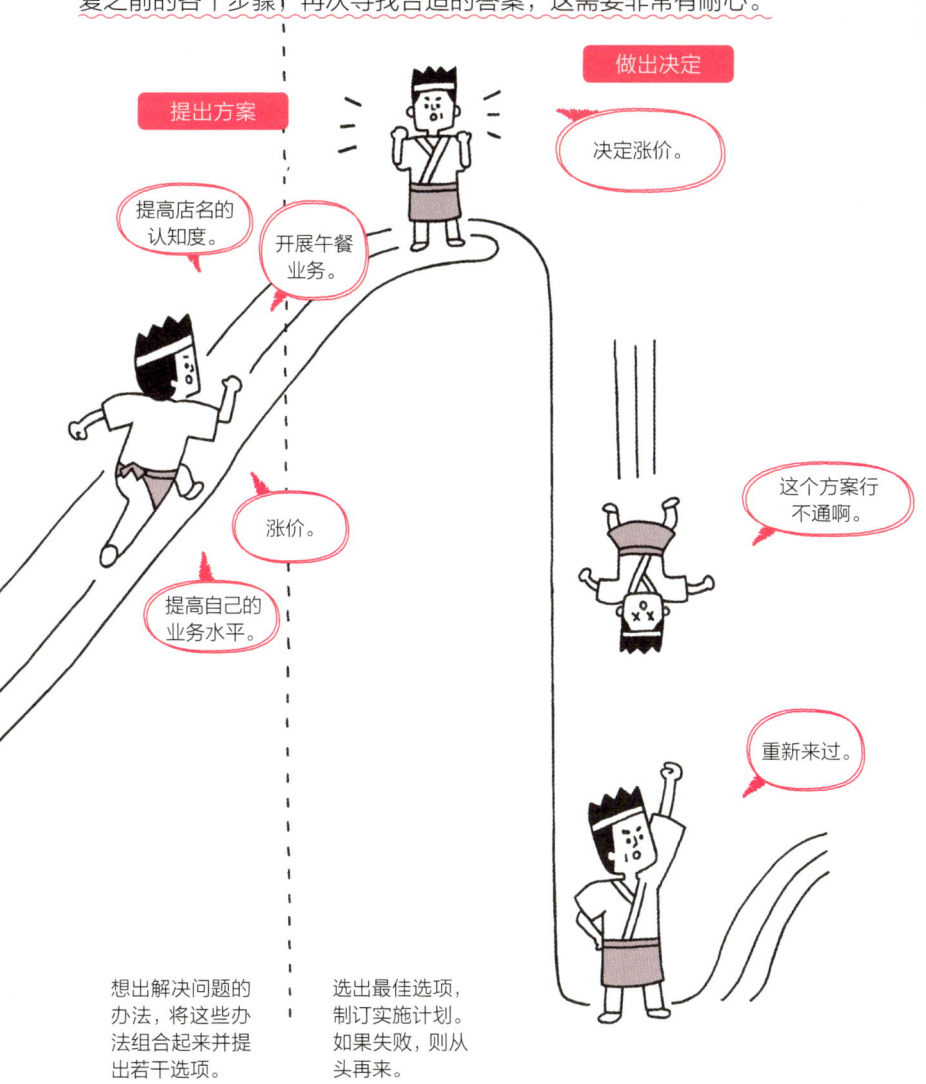

第 1 章　解决问题的程序

提出方案

做出决定

提高店名的认知度。

开展午餐业务。

决定涨价。

涨价。

这个方案行不通啊。

提高自己的业务水平。

重新来过。

想出解决问题的办法,将这些办法组合起来并提出若干选项。

选出最佳选项,制订实施计划。如果失败,则从头再来。

关键词 ➡ ☑ 三个条件

04 ❓ 找到真正需要解决的问题

如果不能发现真正的问题，则解决问题也就没有什么意义了。"好问题的三个条件"可以帮助我们发现真正的问题。

解决问题的过程中最难的就是发现问题。不清楚什么是真正需要解决的问题或者团队不能就此达成共识，那就无法解决问题。一般来说，好问题（议题）有三个条件：①有可反映问题本质的选项；②具有深度的假说；③能够得出答案。满足这三个条件，对发现问题至关重要。

设定好问题

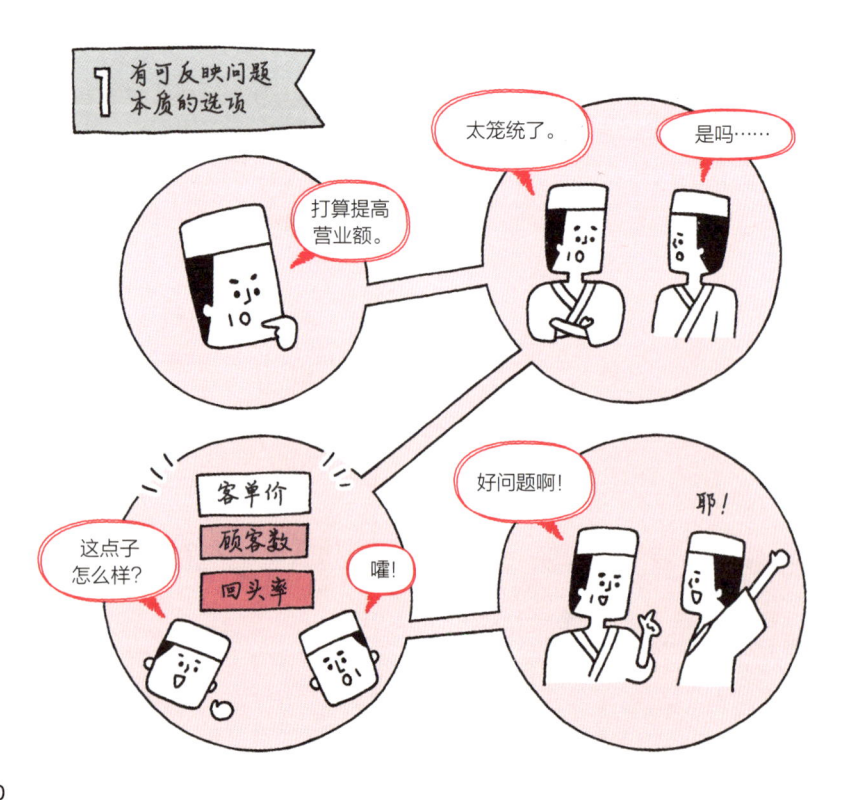

1 有可反映问题本质的选项

打算提高营业额。

太笼统了。

是吗……

这点子怎么样？

客单价
顾客数
回头率

嚯！

好问题啊！

耶！

10

假设问题是"能不能提高营业额",那么我们要说的是这个问题太过笼统,根本无法捕捉到问题的本质。究竟是想提高客单价呢,还是想增加顾客数?需要把问题具体化。具有深度的假说是指这个假说中包含了可以否定以往的经验以及直觉、常识的观察与思考。不过,即便满足了条件①②,也还是会有无法解决的问题。遇到这种情况,就应该及时收手了。

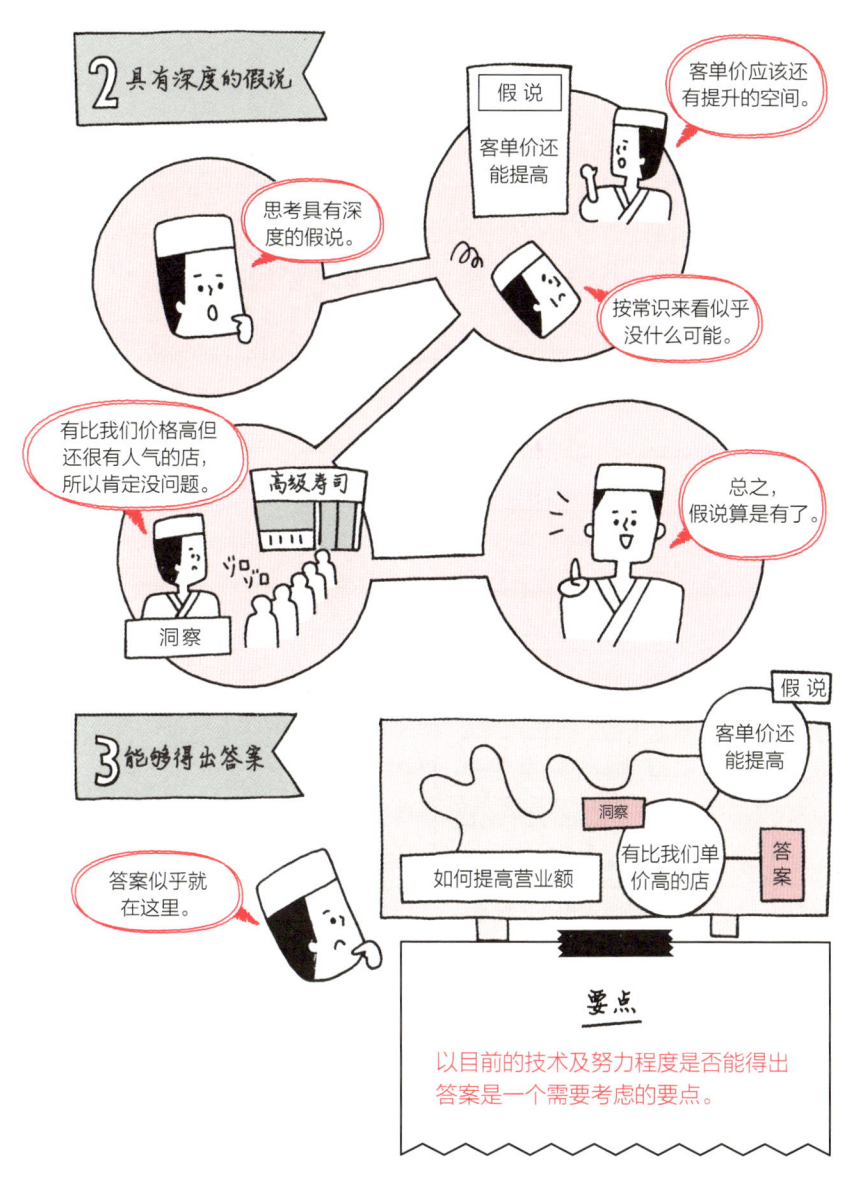

2 具有深度的假说

假说：客单价还能提高

- 客单价应该还有提升的空间。
- 思考具有深度的假说。
- 按常识来看似乎没什么可能。
- 有比我们价格高但还很有人气的店,所以肯定没问题。（高级寿司）
- 洞察
- 总之,假说算是有了。

3 能够得出答案

- 答案似乎就在这里。

假说：客单价还能提高

如何提高营业额 → 洞察 → 有比我们单价高的店 → 答案

要点

以目前的技术及努力程度是否能得出答案是一个需要考虑的要点。

第1章 解决问题的程序

关键词 ➡ ☑ 瞄准重点

05 ❓ 从原因入手寻找解决问题的根本方法

发现问题后，找出导致问题的真正原因是实现最终解决的有效途径。为此，做到"瞄准重点"是关键。

导致问题的原因很多。如果将其全部纳入思考的范围，我们的时间与资金都是不够的。应找到需要重点关注的主要原因及涉及本质的原因。找出"金额高""问题件数多""有损信誉的可能性高""现状与目标之间的差距大"等对问题的影响程度及相关程度高的问题，然后瞄准重点进行思考。

从大问题入手

布丁

下错订单了

谁来买啊

你这个发型太怪了！

我认为下错订单才是更重要的问题。

12

我们还是以商业活动举例。经营不善的原因可能很多，战略、财务、市场营销、管理、组织文化等方面都可能存在导致问题产生的原因。与那些改善效果较小的原因相比，改善效果更大的原因是我们应该优先考虑的。这里有三个要点。"重要程度"，对问题产生多大影响；"紧急程度"，是否需要立即处理；"扩大化趋势"，如将问题搁置事态会如何发展。

重点是决定优先顺序

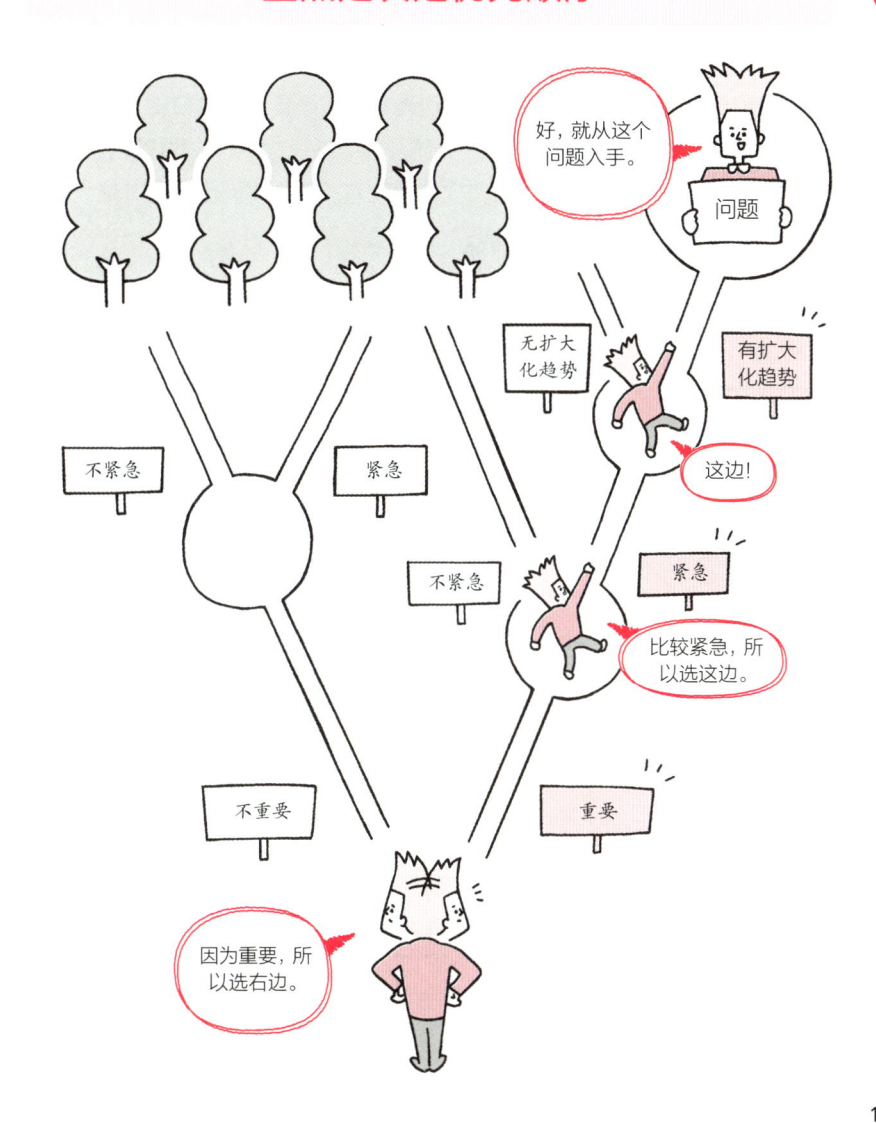

好，就从这个问题入手。

问题

无扩大化趋势 | 有扩大化趋势

这边！

不紧急 | 紧急

不紧急 | 紧急

比较紧急，所以选这边。

不重要 | 重要

因为重要，所以选右边。

13

关键词 ➡ ☑ 创意思维

06 有创造力才能想出办法

即便我们可以找到问题的原因，但如果想不出合适的对策，那么问题还是无法解决。不要受既定思维模式的限制，要让自己的思维更加灵活，即创意思维。

如果是任何人都能轻易想到的办法，那可能解决不了什么难题。采用头脑中闪现出的所谓办法来解决问题，可能会导致严重的失败并让我们追悔莫及。解决问题时，不要受已知办法的局限，要自由地思考，要具备创意思维，努力想出更多的办法。所谓办法其实就是既有因素的重新组合。"输入→输出""发散→收敛""假说→验证"是三项重要原理。

通过创意思维找到办法

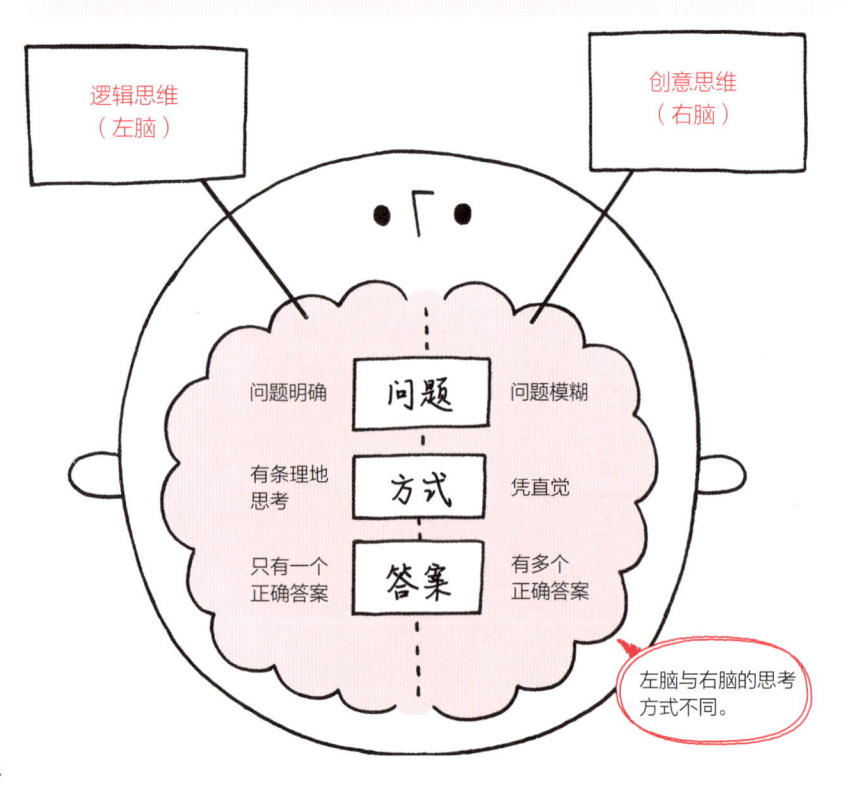

逻辑思维（左脑）		创意思维（右脑）
问题明确	问题	问题模糊
有条理地思考	方式	凭直觉
只有一个正确答案	答案	有多个正确答案

左脑与右脑的思考方式不同。

"输入→输出"是指尽可能多地收集相关信息，在此基础上思考解决问题的办法，也就是各种因素的组合。"发散→收敛"是指想出诸多办法之后对这些办法进行筛选。区分思考与评价，将具体的工作按轻重缓急区分。"假说→验证"是指在思考阶段想到的办法都只是假说，需要通过验证找到真正能解决问题的方法。

找到办法的三项原理

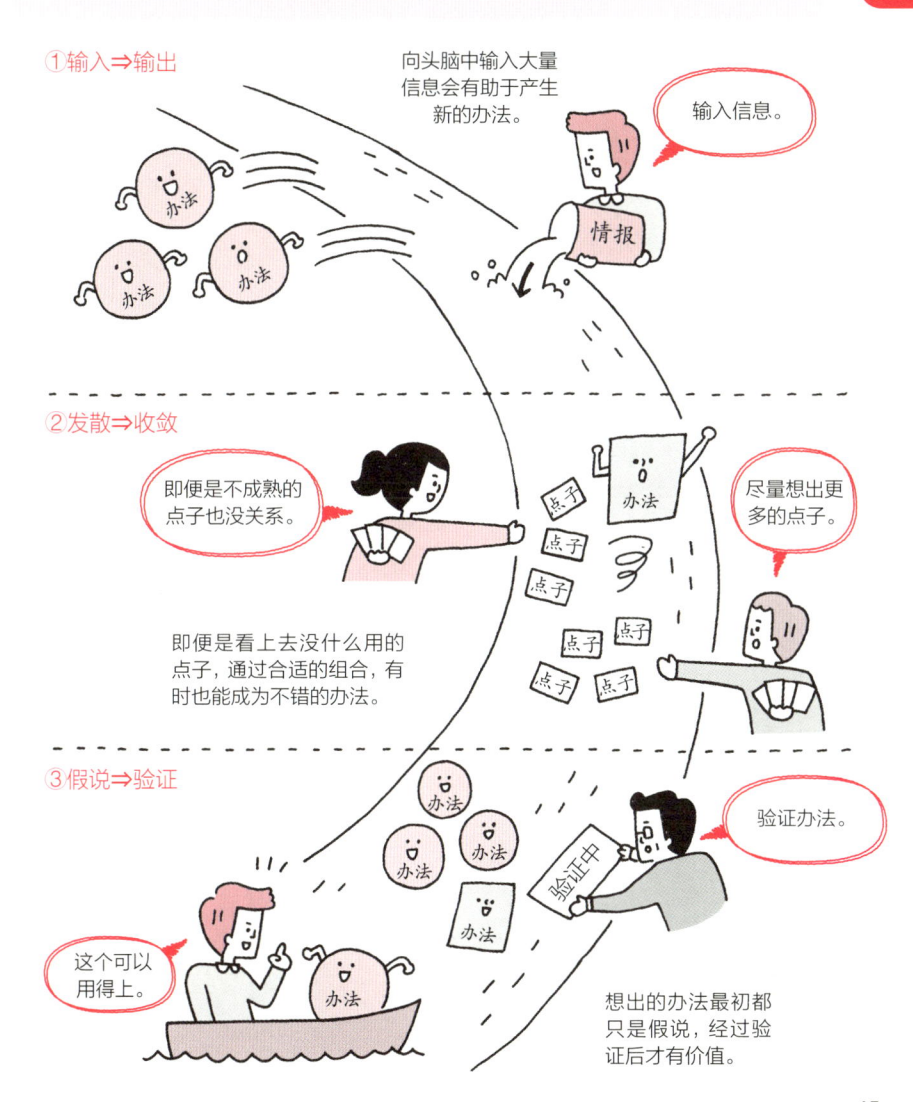

①输入⇒输出

向头脑中输入大量信息会有助于产生新的办法。

输入信息。

②发散⇒收敛

即便是不成熟的点子也没关系。

尽量想出更多的点子。

即便是看上去没什么用的点子，通过合适的组合，有时也能成为不错的办法。

③假说⇒验证

验证办法。

这个可以用得上。

想出的办法最初都只是假说，经过验证后才有价值。

关键词 ➡ ✓ 计划、执行

07 将最佳方案落实到具体的行动中

如果不能在所有想到的办法中选出最佳的，然后依此制订出可执行的计划，那么就无法解决问题。

付出大量努力后想出了许多办法，但如果在决定最后方案时只追求办法的新颖或表面上的华丽，那就不会有什么结果。尽可能选择便于执行且效果较好，也就是性价比较高的想法。接下来，如果不把想法落实到具体的计划当中，那就无法行动起来。要制订行动计划，明确谁做什么、做到什么程度以及何时完成，这一点非常重要。

依逻辑判断做出决定

就这么办了！

没感情用事？

啊，是不是扯得有点远？

没有其他点子吗？

这不是太随意了吗？

如果一个决定得不到大家的赞同，那是无法付诸实施的。做出符合逻辑的决定至关重要。

16

例如在商业活动中，基于公司总裁个人的一些想法开展的项目，因其决定过程并不透明，所以我们无法知道该项目是否具有必要性与重要性。将这种模糊不清的想法付诸实施，在第一线工作的员工也只能是一头雾水。遇到这种情况，应首先搞清该决定是如何做出的，在此基础上，提出具体的工作方案，明确谁、何时、用多少预算去做什么。

明确实施计划的工作流程

> 新项目就交给你了。

> 您放心吧。

> 那个项目，怎么样了？

> 还没开始呢。

如果没有可供执行的具体工作流程，员工的职责以及工作模式就会变得非常模糊不清。

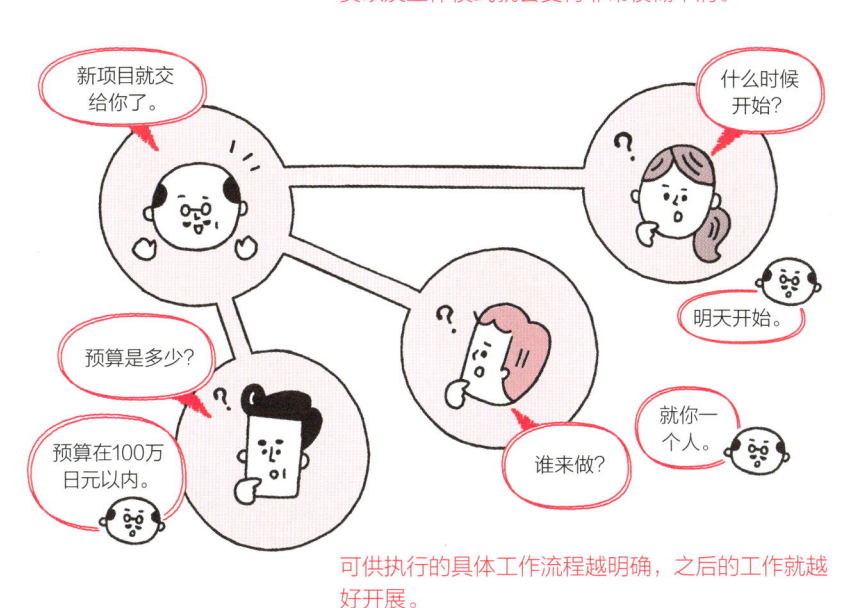

> 新项目就交给你了。

> 什么时候开始？

> 明天开始。

> 预算是多少？

> 预算在100万日元以内。

> 谁来做？

> 就你一个人。

可供执行的具体工作流程越明确，之后的工作就越好开展。

第1章 解决问题的程序

关键词 ➡ ☑ 改良循环

08 让解决问题的循环动起来

即便一个问题得以解决，也应该设定更高的目标，不断挑战新的问题，这点也十分重要。

解决问题绝不是一次就万事大吉。可能一个问题刚刚得到解决，但只要我们有了新的目标，就立即会产生新的差距，此时我们就要开始着手解决新的问题了。即便在最初阶段成功地解决了问题，在接下来的阶段也必须认真地对待新出现的问题。像这样，不断面对并解决新问题，持之以恒，就是一种理想的工作状态。

解决问题没有终结

我会努力的。

对你寄予厚望。

上司

问题①技术开发

这是竞争对手啊。

问题②竞争出现

必须对市场进行分析并想出对策。

为了在竞争中胜出，我们需要……

需要持续不断地解决问题,这在职场人士的工作中尤其明显。因为公司的一个重要目标就是"追求利润"。每个人都会追求更高的目标,大家都会通过开发新技术来参与竞争,已经存在的技术会变得落后。需求会出现变化,过去被视为标准的技术将不再发挥作用。为应对这种变化,需要让改良循环不断运转起来。

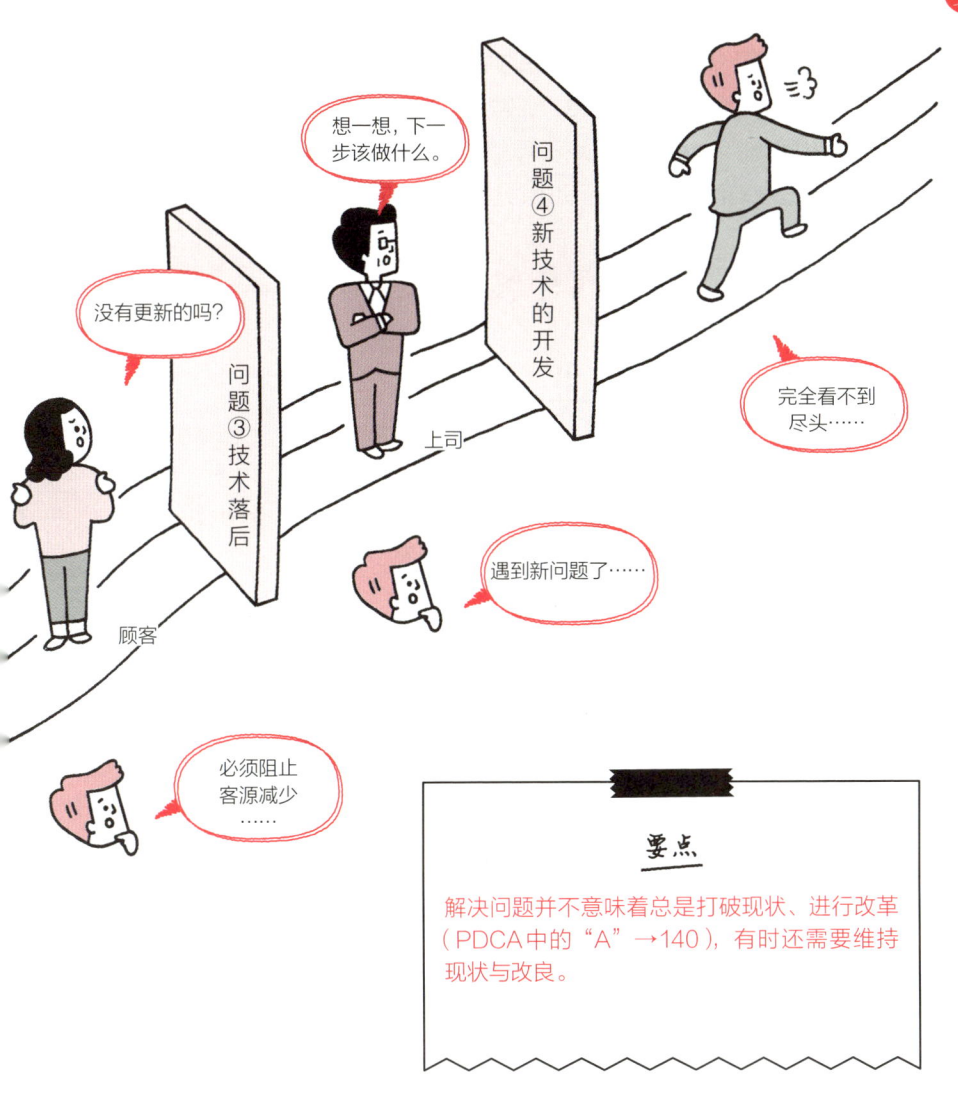

第1章 解决问题的程序

想一想,下一步该做什么。

问题④新技术的开发

没有更新的吗?

问题③技术落后

上司

完全看不到尽头……

遇到新问题了……

顾客

必须阻止客源减少……

要点

解决问题并不意味着总是打破现状、进行改革（PDCA中的"A"→140）,有时还需要维持现状与改良。

关键词 ➡ ✓ 逻辑思维、创意思维

09❓ 逻辑思维与创意思维

如果想法偏执，则很难解决问题。应灵活运用两种思维来实现问题的解决。

要解决问题，找到导致问题发生的原因十分重要。因此，追问"为什么"的"逻辑思维"不可缺少。而且，还需要不拘泥于固定模式、能灵活思考办法的"创意思维"。即使一个点子听上去非常精彩，实际上也可能只是片面的空想而已。在对所有办法进行比较、分析并做出决定时，会用到"逻辑思维"。

两种思维相结合

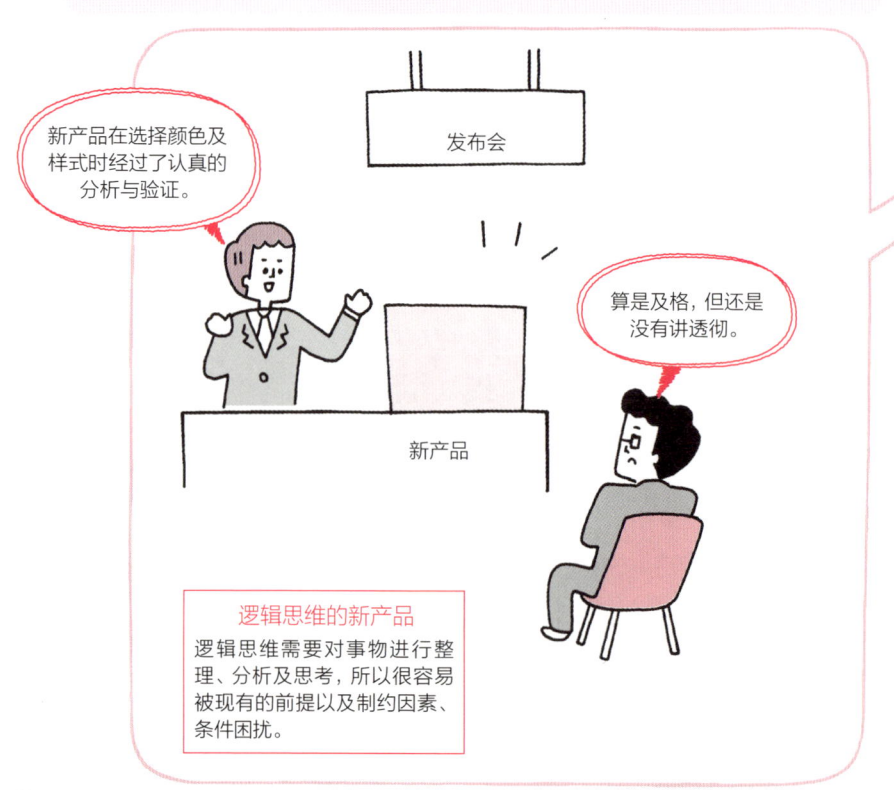

发布会

新产品在选择颜色及样式时经过了认真的分析与验证。

算是及格，但还是没有讲透彻。

新产品

逻辑思维的新产品
逻辑思维需要对事物进行整理、分析及思考，所以很容易被现有的前提以及制约因素、条件困扰。

解决问题时，将两种思维模式结合起来是很重要的。逻辑上虽然没有问题，但却怎么都想不出解决方案的时候，可以尝试一下创意思维。相反，即便认为自己找到了完美的解决方案，在论证该方案是否正确时，也要切换到逻辑思维模式。正如本章开头所述，人都比较容易依赖经验与直觉，应该对自己的答案有所怀疑，始终坚持以客观的视角看问题。

我已经将一个全新的想法落实到实际中了。

发布会

想法不错，但有点过于奇葩了。

新产品

出自创意思维的新产品
通过创意思维开发的新产品不受传统与现有规则的约束，但缺乏说服力。

你小子的灵光一现很厉害嘛。

这个怎么样？

等的就是这个。

开发这个产品是有根据的。

将逻辑思维与创意思维结合在一起，就比较容易产生真正有价值的想法。

关键词 ➡ ☑ 定量分析、定性分析

10❓ 对信息的收集与分析需要两个视角

对信息进行收集与分析时，有定量分析与定性分析两种方法。了解这两种方法的区别，就能做出正确的分析。

定量分析是指通过对数值、数据等数字要素进行分析来搞清楚价格、销售额、产品销售数量、雇用人数、顾客数等"数量"。而定性分析则是对无法用数字表示的"性质"进行分析，以此来搞清楚目的、意义、原因、现象、关系等。掌握定量、定性这两种分析方法，会对解决问题有很大帮助。

关注数量，还是关注性质

定量分析
对价格、顾客数、营业额等可用数字衡量的"数量"进行分析。

金枪鱼寿司 300日元/个。

您从哪里搬过来的啊？

埼玉。

金枪鱼寿司多少钱一个？

定性分析
对目的、原因、理由等用数字无法表示的"性质"进行分析。

例如，如果在调查了竞争对手的营业额后获得了对方"月营业额超过3000万日元"的定量数据，那么就可以依此判断对方是否对自己构成威胁。如果定性分析的结果显示"通过媒体上的促销活动，获得了年轻人的青睐"，那就可以进一步去了解为何能够获得年轻人的青睐以及其背景、动向并依此提出今后的对策。

依靠两种分析来思考问题

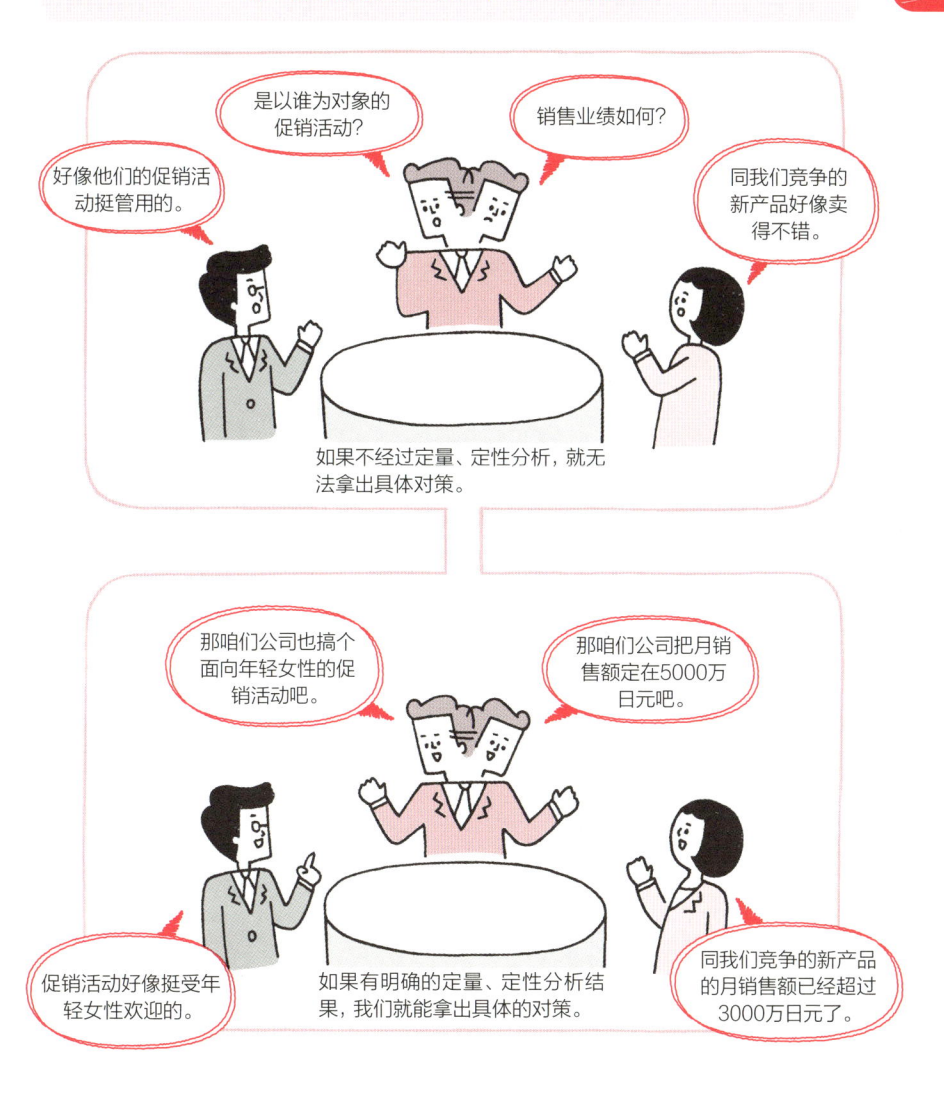

好像他们的促销活动挺管用的。

是以谁为对象的促销活动？

销售业绩如何？

同我们竞争的新产品好像卖得不错。

如果不经过定量、定性分析，就无法拿出具体对策。

那咱们公司也搞个面向年轻女性的促销活动吧。

那咱们公司把月销售额定在5000万日元吧。

促销活动好像挺受年轻女性欢迎的。

如果有明确的定量、定性分析结果，我们就能拿出具体的对策。

同我们竞争的新产品的月销售额已经超过3000万日元了。

第1章 解决问题的程序

23

关键词 ➡ ✅ 假说思维

11❓ 根据有限的信息设定问题

如果需要根据有限的信息以及在有限的时间内拿出办法,或者想要在状况完全不明了的情况下得出一个推论性的结果,那么假说思维会派上用场。

如果所有事情都从零开始,那有再多的时间恐怕都不够用。根据现有的信息,设定一个假说,假设"这件事情可能是这样的",之后再就此进行验证,这样就能比较快速地得到一个很有可能是正确的结论。这就是**假说思维**。具体来说,要经过①观察状况、②设定假说、③实践假说、④验证假说、⑤修正假说五个环节,最后得出结论。

在假说的基础上思考

这种情况需要假说思维。

哎。

鸡蛋 鸡蛋 鸡蛋
鸡蛋 鸡蛋 鸡蛋

下错订单了吧?

啊,是吗?

①观察状况
了解现状,知道现在正在发生什么。

向A公司下的订单。

首先,给鸡蛋下订单的是你。

24

例如，如果多次出现下错订单的情况，可以先提出一个假说，假设问题出在本公司与供货方之间的沟通上，依此认为只要加强双方的沟通就能解决问题。如果沟通后，业务往来变得顺畅，假说的正确性便得到验证。但是，如果沟通后情况没有得到改善，则说明需要对假说进行修正，此时返回①观察状况环节。

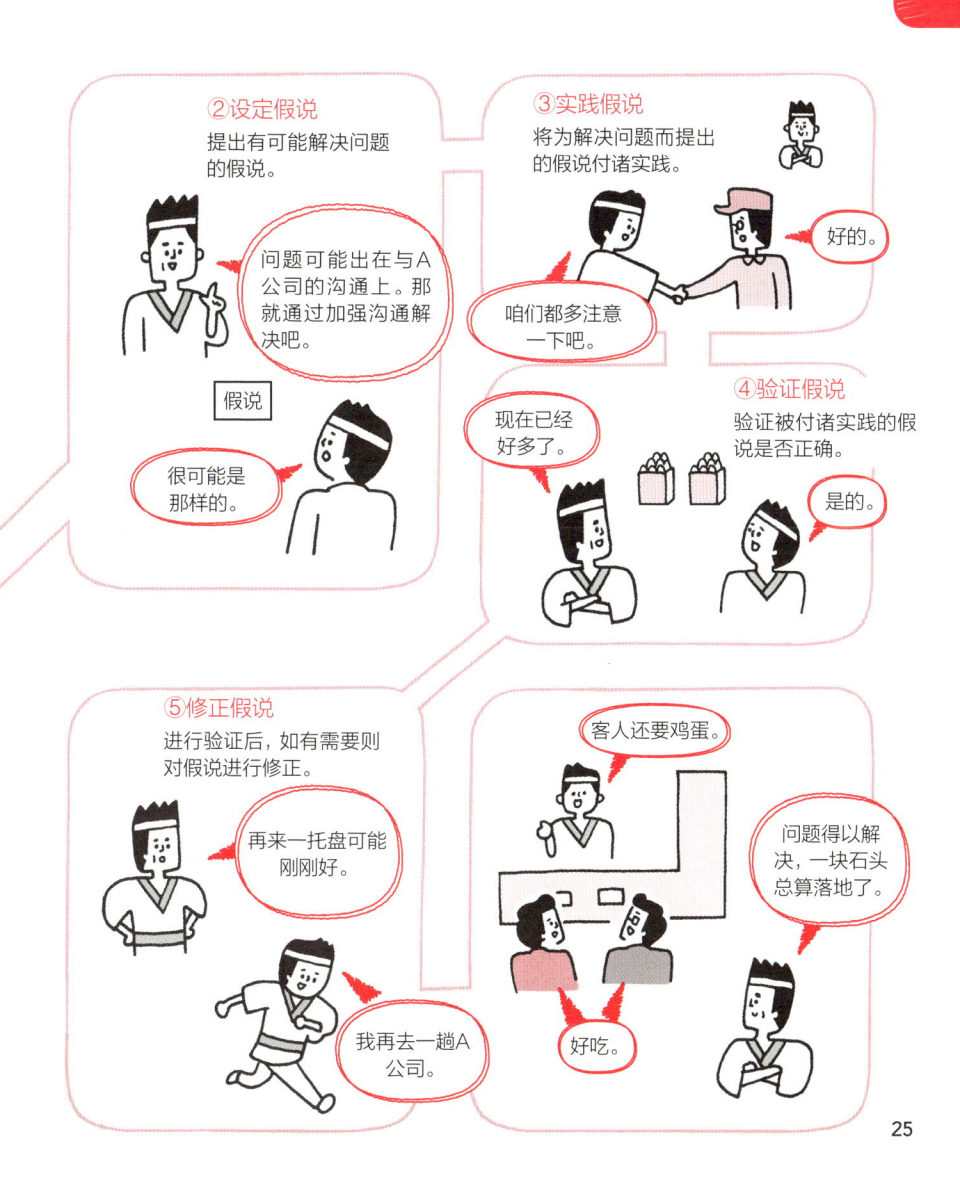

②设定假说
提出有可能解决问题的假说。

问题可能出在与A公司的沟通上。那就通过加强沟通解决吧。

假说

很可能是那样的。

③实践假说
将为解决问题而提出的假说付诸实践。

好的。

咱们都多注意一下吧。

④验证假说
验证被付诸实践的假说是否正确。

现在已经好多了。

是的。

⑤修正假说
进行验证后，如有需要则对假说进行修正。

再来一托盘可能刚刚好。

我再去一趟A公司。

客人还要鸡蛋。

问题得以解决，一块石头总算落地了。

好吃。

可视化图表1

矩阵

横竖交叉构成的图表

矩阵是把数据在横纵两条轴上加以表示的一种图表。纵向为"列",横向为"行",除了解决问题时可以使用,在市场营销及商务咨询的资料中这种图表也很常见。将信息在横纵两条轴上排列,可简洁明了地对现象进行整理,便于找出优先顺序。另外,可以全面地捕捉现象,帮助人们在自己的经验及直觉以外拥有客观的视角。尤其是四象限的矩阵,能够让人非常容易看懂图表所要传达的信息,所以也成为重要的交流工具。

	擅长	不擅长
想做	①想做且擅长	②想做但不擅长
不想做	③不想做但擅长	④不想做也不擅长

矩阵的例子

上图展示了一个四象限矩阵的例子,以一目了然的形式表示出对某一事物的积极性及擅长与否。

可视化图表 2

饼状图

将圆用扇形分割来表示比率

将圆用扇形分割来表示比率及分配方式的图称为饼状图，其特点是一目了然，将比率按从大到小的顺序以顺时针方向排列。不过，"其他"项则不管占多大比率都被放在最后。对各项的扇形部分还以不同颜色加以区分，使之更加简明易懂。饼状图并不只限圆形。根据用途，有时还会使用半圆及多重圆。也有圆环形的饼状图，中央空白部分用于标注合计数，可以在了解各项占比的同时知道总量。

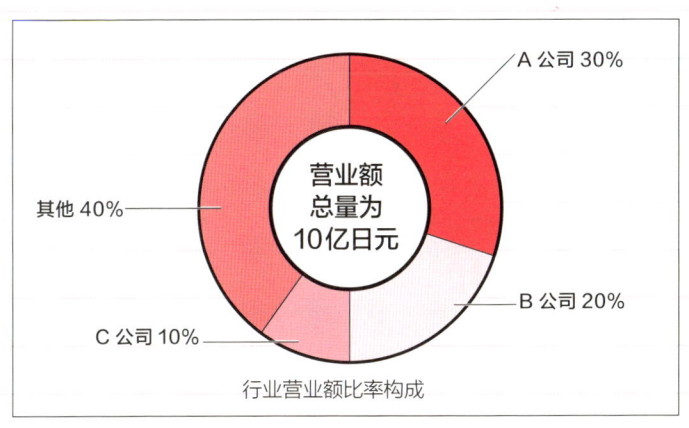

A 公司 30%
其他 40%
营业额总量为 10亿日元
B 公司 20%
C 公司 10%

行业营业额比率构成

圆环形饼状图的示例

从示例的圆环形饼状图，可以看出在饼状图的中央可标注营业额总量，将比率与规模同时表示。

专栏 1

重置常识与过往经验

受到干扰,导致思考无法进行。感觉思考已经停滞。此时,正确的选择是丢掉目前的想法,暂时"归零"。

假设有常去的理发店 A。自己跟老板的关系很好,店里的理发技术也没任何问题。但是,附近开了一家价格只有 A 店一半的理发店 B。不过,B 店没有洗头服务。好,我们试着回到原点重新思考一下:"各家理发店的技术究竟有多大差别?""洗头、刮脸是必需的吗?""与价格相符的服务是什么样的服务?"

通过这种"归零思考",往往可以发现问题的本质。之后就能有新的想法与新的方向。经验越多就越容易受既有的概念及常识的束缚,容易走多数人都选择的道路。有时,主动摆脱束缚,也是解决问题的必要途径。

第 2 章

问题的解决始于"发现"问题

不搞清问题所在,
就谈不上什么解决问题。
本章将介绍一些发现、锁定问题的必要技巧。

导语
学会发现问题

从认识问题开始

前面对解决问题的程序已经有了大致的了解,接下来我们进入第一步"发现问题"。首先,从了解现状开始。如果不能从多个角度着眼来正确地把握事实,那么就不能找准问题。即使面对同一事实,人们可能也会有不同的认识,因此有必要将对该事实的解释统一起来。在此基础上,勾画出理想中的状态,这样其中的差距自然就会浮现。不管现状有多好,只要目标足够高,就一定会发现问题。这种差距在目标较高的人与目标较低的人之间也会有很大不同,所以需要磨合。此时,如果不能将问题具体化,就很难进入下一步。本章针对上述问题,将围绕以下几个方面展开论述。

1 "获取信息"对发现问题至关重要

要发现问题,就要获取信息。不过,经常会遇到错误的信息。这里将讲解如何寻找可信的信息。

2 运用洞察力

即便可以获取必要的信息,但如果不能处理好数据,就还是发现不了问题。所以我们会讲解如何找到信息之间的联系。

③ 抓住趋势与模式

如果在较长的时间跨度中看问题，会发现一些反复出现的模式及趋势。对这些模式与趋势进行整理，可以帮助我们发现问题。

④ 不要关注本就无法解决的问题

有的问题是无解的。不应该在这种问题上浪费时间。可以把靠自己的力量无法解决的问题先搁置起来。

⑤ 通过八个提问锁定问题

使用"6W2H"分析法能帮助我们锁定问题。不仅能够将问题具体化，还能拓展思路，产生新的想法。

⑥ 从外因入手发现潜在问题

以宏观视角俯瞰现状，有时可以发现本质问题。要发现问题，从多种角度进行思考是非常重要的。

那些已经显现的问题自不必说，而要想发现潜在的问题则并非易事。除了仔细分析获得的信息，还可以尝试改变想法及视角，有时会收到不错的效果。另外，人都会有偏见，也就是认知上的错误及思考方式的偏颇。可能会出现问题本来出在自己身上却拼命为自己辩护以及偷换概念的情况。在发现问题之后，应该反问自己"真的是这样吗""就没有其他的想法了吗"。

关键词 ➡ ☑ 显在型、潜在型、追求理想型

01 问题的三种类型

问题分为多种类型。我们应该努力找出与具体情况相对应的问题。

问题就是现状与理想之间的差距，可分为三种类型。第一种类型是<u>显在型</u>。例如，从前现实状态与理想状态可能一致，但是因出现了一些不良状况或失败，导致二者之间产生了差距。<u>此时问题就会暴露出来，就需要采取一些措施，让二者的关系恢复到从前的状态</u>。我们一般所说的问题多指这种类型的问题。

发现三种问题

- 显在型问题（已经出现了不良状况的问题）

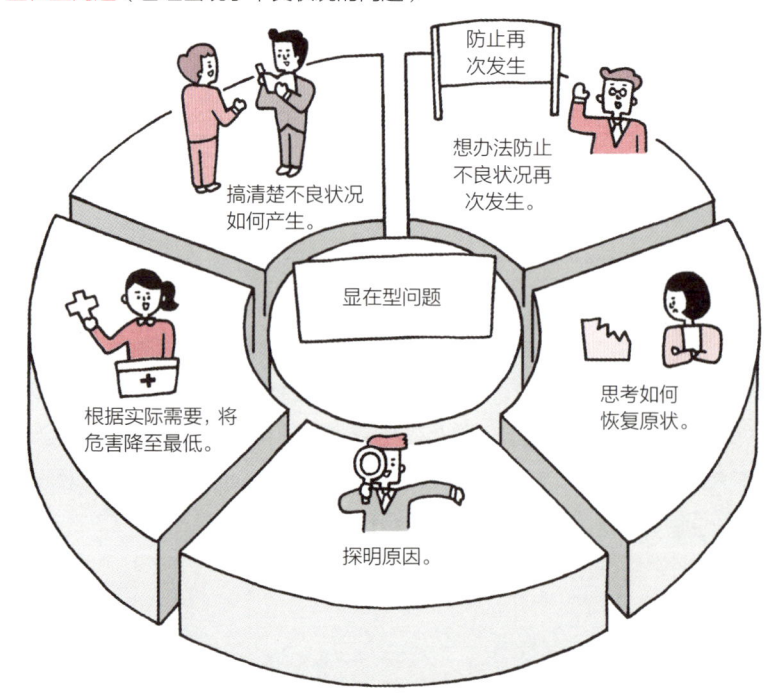

防止再次发生
想办法防止不良状况再次发生。

搞清楚不良状况如何产生。

显在型问题

根据实际需要，将危害降至最低。

思考如何恢复原状。

探明原因。

第二种类型是潜在型。这种类型的问题是指即便问题尚未显现，但如果放任不管，很大概率会出现不良状况。对此，我们需要意识到状况已经发生变化，必须及时发现潜在的问题。最后一种类型是"追求理想型"。现状已经能够令人满意，但为了追求更高的目标而故意给自己提出问题。只要有努力向前的愿望，总是能够发现问题。

- 潜在型问题（如放任不管会导致不良状况发生的问题）

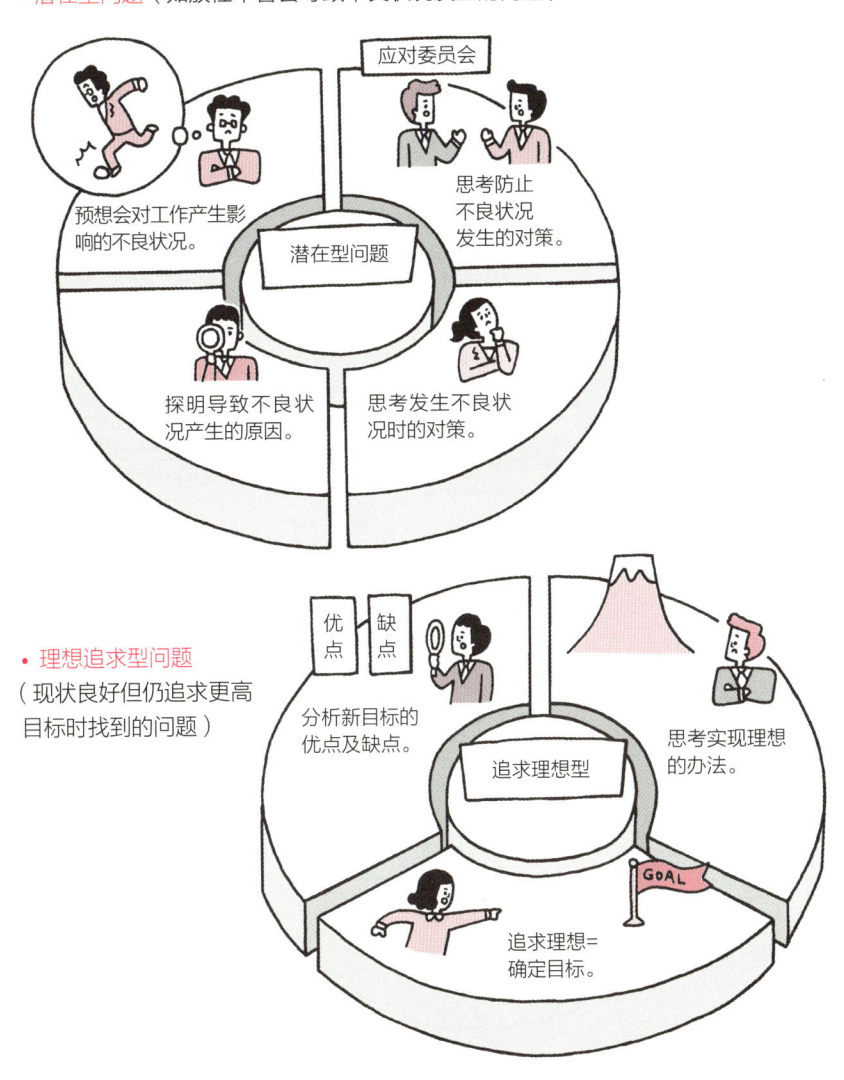

应对委员会

预想会对工作产生影响的不良状况。

思考防止不良状况发生的对策。

潜在型问题

探明导致不良状况产生的原因。

思考发生不良状况时的对策。

- 理想追求型问题
（现状良好但仍追求更高目标时找到的问题）

优点　缺点

分析新目标的优点及缺点。

追求理想型

思考实现理想的办法。

追求理想＝确定目标。

关键词 ➡ ☑ "三实主义"

02 "获取信息"对发现问题至关重要

要发现问题，离不开信息。因此，需要尽可能地获取接近事实、尚未被加工的第一手信息。

距离事实越远，信息被加工的成分就越大。如果把亲自观察得到的信息称为一次信息的话，那么在此基础上加入了解释的信息就是二次信息。之后，在信息扩散的过程中，变成具有一般性的信息就是三次信息。到了这一步，信息就难免不被加工、省略甚至歪曲。很有可能已经与最初的事实相距千里。

尽可能获取第一手信息

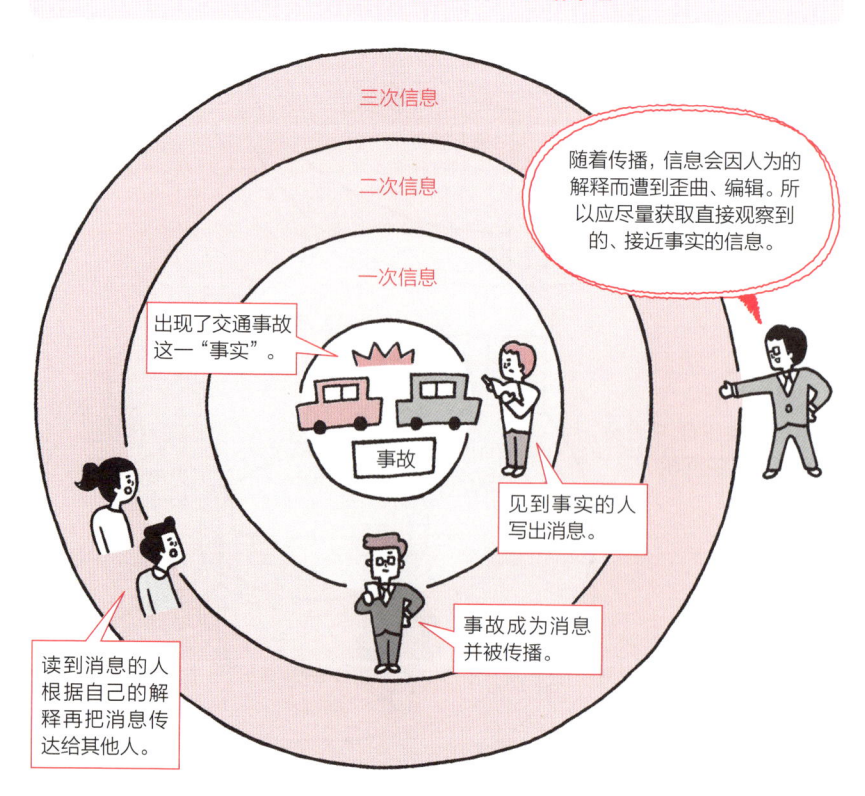

三次信息
二次信息
一次信息

出现了交通事故这一"事实"。

事故

随着传播，信息会因人为的解释而遭到歪曲、编辑。所以应尽量获取直接观察到的、接近事实的信息。

见到事实的人写出消息。

事故成为消息并被传播

读到消息的人根据自己的解释再把消息传达给其他人。

可以说越接近事实的信息就越接近事情的本质。亲赴实地、接触实物、了解实情。只有坚持"三实主义",才能获取正确的信息。但是需要注意,如果获取的信息量过多,则可能反而被庞杂的信息所左右。事先大致掌握基本情况,可以帮助我们更有效地获取信息。

实践"三实主义"

去工厂"实地"考察。

要点

事先大致掌握基本情况,就可以更有效地获取信息并尽早发现问题。

实地

了解到生产环境十分恶劣这一"实情"。

见到大量次品"实物"。

实物

实情

关键词 ➡ ☑ 色彩浴效应

03 没有接收信息的"天线"就无法发现问题

想要得到信息，靠守株待兔是不行的。需要设定主题，才能根据主题获取相应的信息。

在有意识地关注某些事物时，无意识地获知了某些相关信息的现象被称为**色彩浴效应**（Color Bath）。例如，当我们想到红色时，平时不太关注的红色物体可能就会进入视线。人看上去好像是在客观地观察事物，但实际上只不过是在按照自己的主观意愿选择想看到的东西而已。这种现象被称为选择性知觉。

无意识之中获取了信息

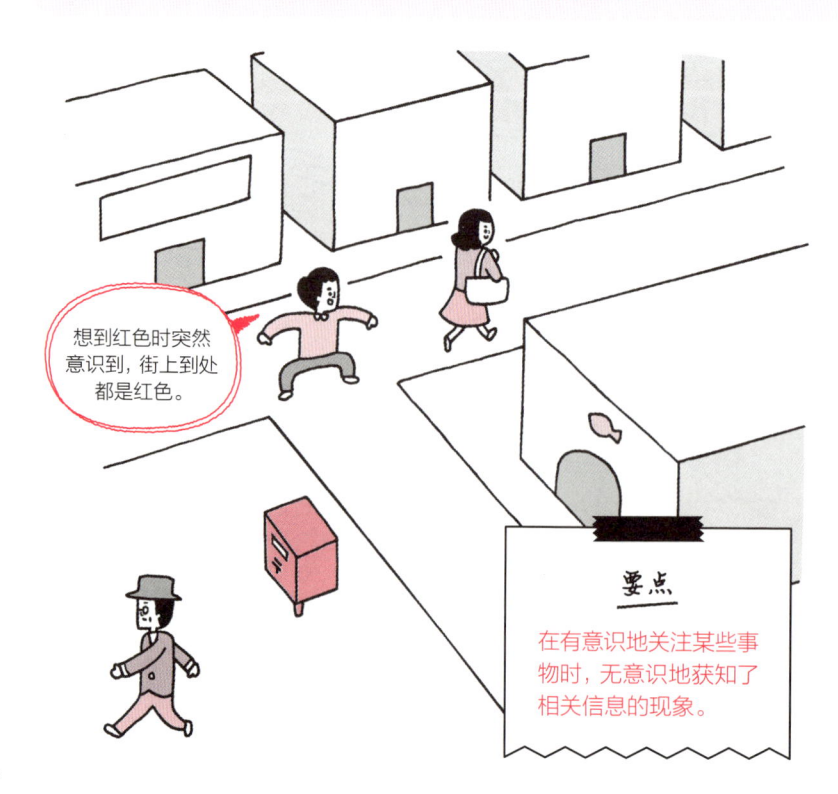

想到红色时突然意识到，街上到处都是红色。

要点

在有意识地关注某些事物时，无意识地获知了相关信息的现象。

色彩浴效应不仅仅出现在物体上。只是呆呆地看着顾客或者沉迷于报纸及网上的新闻，是不可能发现问题的。<u>只有架设好自己的"天线"，有用的信息才能进来。</u>如果没有主题（希望获得什么样的信息）与假说（我认为事情可能是这样的），那就无法发现问题。

架设自己需要的"天线"

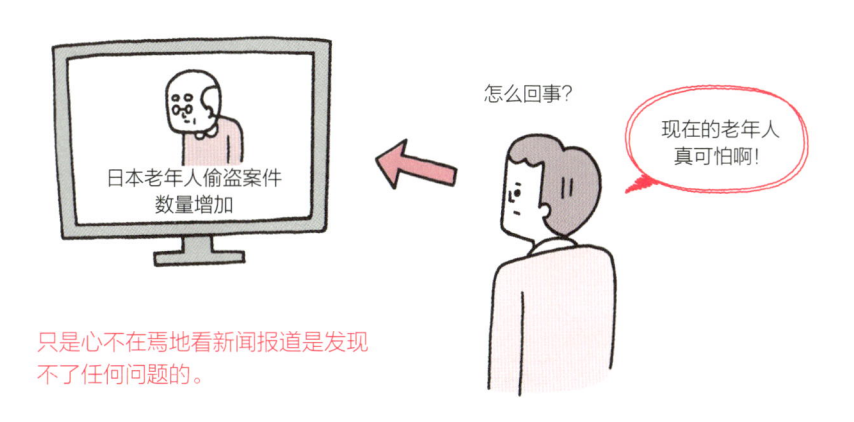

怎么回事？

现在的老年人真可怕啊！

日本老年人偷盗案件数量增加

只是心不在焉地看新闻报道是发现不了任何问题的。

老龄问题

一定要思考一下老龄问题。

日本老年人偷盗案件数量增加

以老龄问题作为主题观看新闻报道，终于发现了问题。

原来如此。出现这个情况是因为日本退休金太低，老年人经济比较困难啊。

第 2 章　问题的解决始于"发现"问题

关键词 ➡ ✓ 洞察力

04 运用洞察力

要想发现问题，具有敏锐地找出信息之间关联的能力是非常重要的。

只是盯着获取的信息看，是无法发现问题的。应该运用统计方法对数据进行处理并对信息之间的关系进行分析，只有这样才能发现问题。在这方面，特别值得关注的是相关关系。一方数量增加，另一方随之增减。这种共变的关系就是相关关系。要看出这种关系，需要极为敏锐的洞察力（Insight）以捕捉信息之间的细微关联。

找出相互的关联

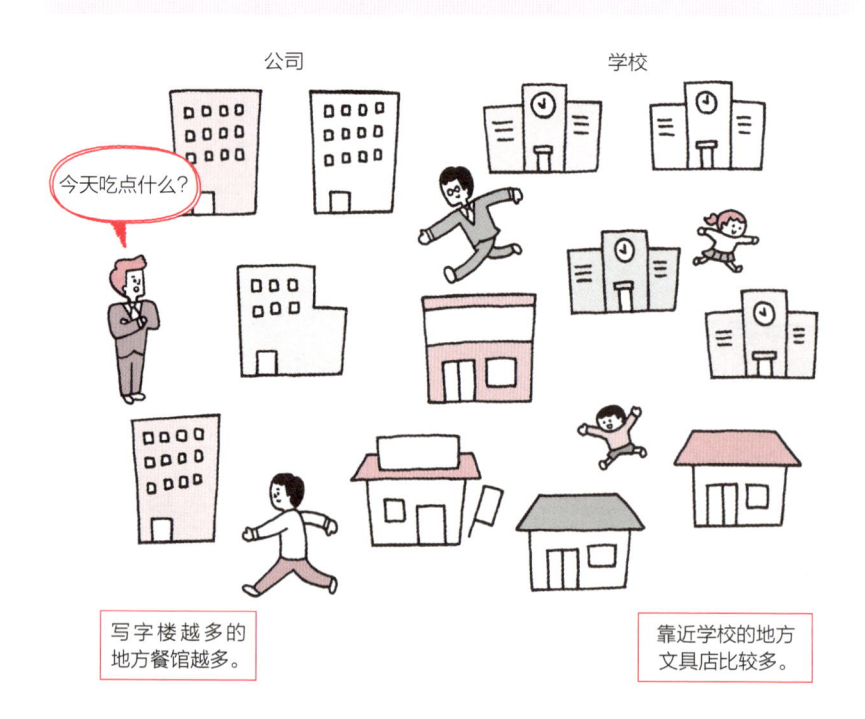

公司　　　　学校

今天吃点什么？

写字楼越多的地方餐馆越多。

靠近学校的地方文具店比较多。

38

例如，一个部门连续出现辞职的员工，觉得这个情况有点怪，经过调查，发现均是因为上司过于严苛。但是，因此就将问题归罪于上司还为时尚早。稍微停下来，想一想是不是还有其他原因，这非常重要。工资偏低、工作量大、不能到心仪的部门工作等，可能导致问题的原因非常多。关键是需要我们在这些可能的原因中准确找出真正引发问题的原因。

运用洞察力找到真正的问题

关键词 ➡ ☑ 时间轴、历史地图

05 抓住趋势与模式

利用时间轴来整理信息，可以帮助我们找到较长的时间跨度中反复出现的模式以及趋势。

历史总是以一定的模式循环往复。过去的数据，可以为我们解读未来提供最好的线索。时间轴就是把过去至现在发生的事情按时间先后顺序排列的年表。制作完成后，如果能够依此找到某种模式或趋势，当然是再好不过了。时间轴能帮助我们发现在短期内很难注意到的变化。

通过时间轴发现趋势

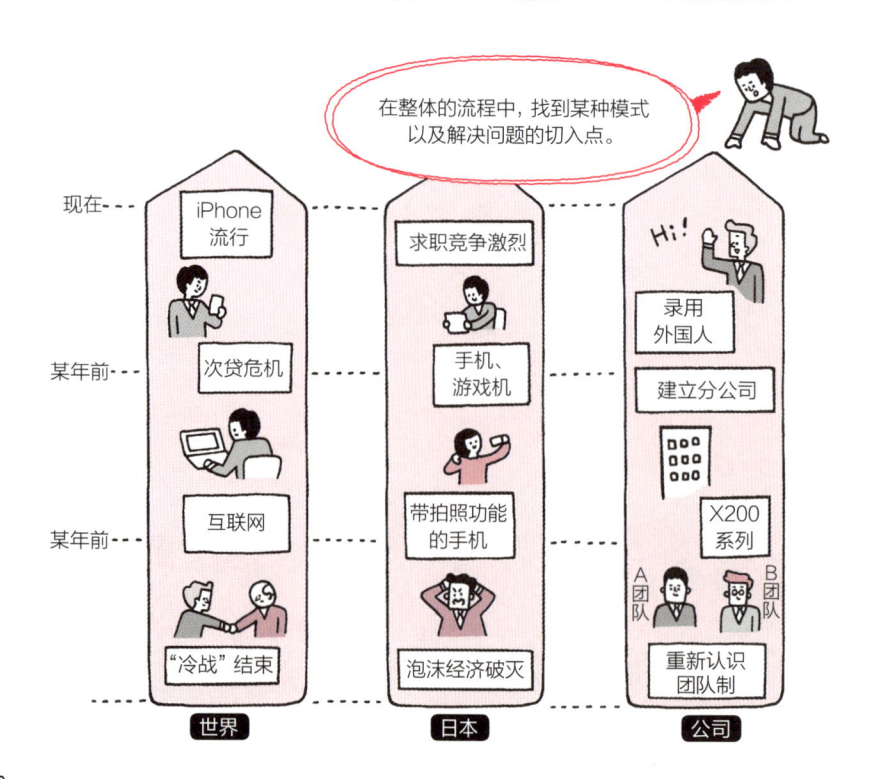

在整体的流程中，找到某种模式以及解决问题的切入点。

现在
- iPhone 流行
- 求职竞争激烈
- 录用外国人

某年前
- 次贷危机
- 手机、游戏机
- 建立分公司

某年前
- 互联网
- 带拍照功能的手机
- X200 系列
- A团队 B团队

- "冷战"结束
- 泡沫经济破灭
- 重新认识团队制

世界 | 日本 | 公司

例如给世界、区域/社会、个人（自己）三个分类加上时间轴。之后试着寻找全球性事件、区域性事件、个人性事件之间的关联。也许就能找到出乎意料的趋势。历史地图除了文字信息，还可以使用照片及图画。<u>可以从视觉上把握信息，变化的波动一目了然。</u>

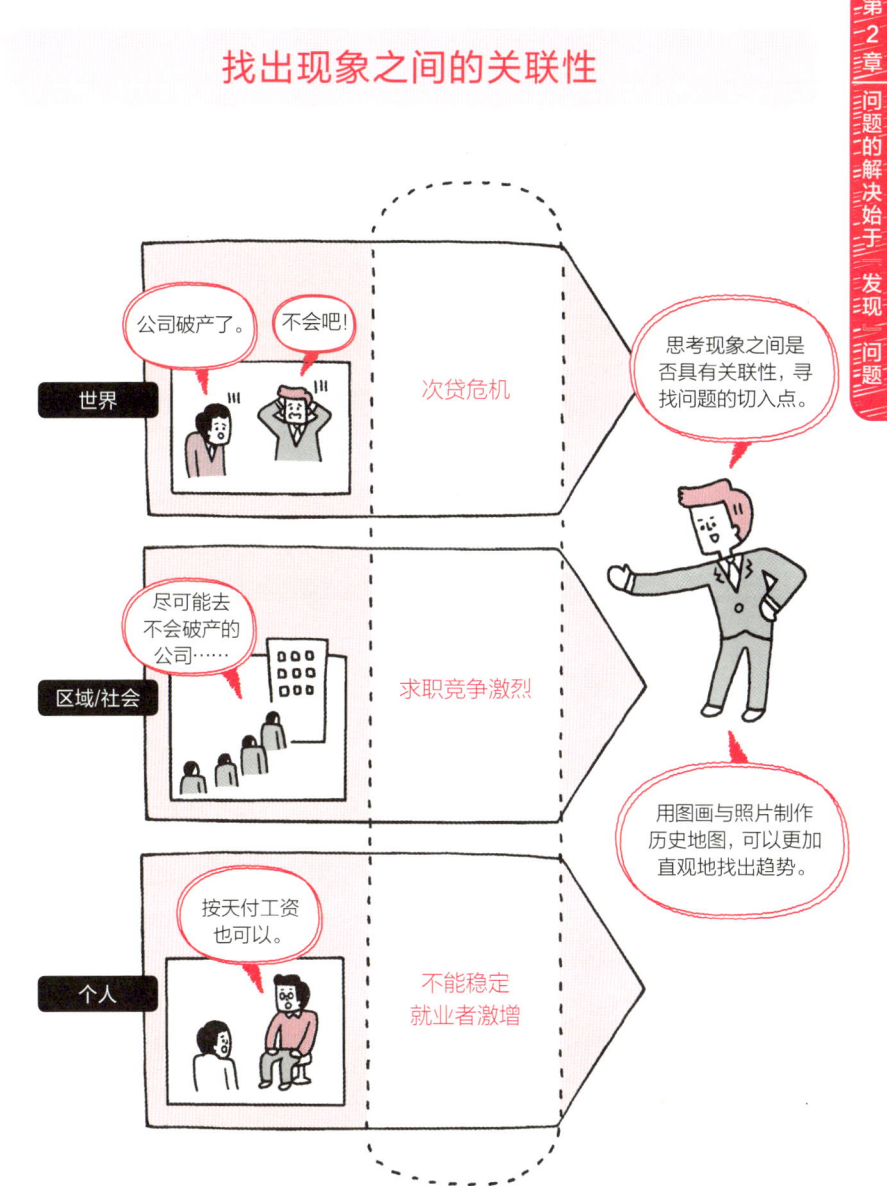

找出现象之间的关联性

世界
- 公司破产了。
- 不会吧！
- 次贷危机

思考现象之间是否具有关联性，寻找问题的切入点。

区域/社会
- 尽可能去不会破产的公司……
- 求职竞争激烈

用图画与照片制作历史地图，可以更加直观地找出趋势。

个人
- 按天付工资也可以。
- 不能稳定就业者激增

第2章 问题的解决始于发现问题

关键词 ➡ ☑ 变化、征兆

06 世事变化中隐藏着发现问题的线索

只架设"天线"还不能捕捉到变化的波动。需要对产生的疑问及意外有较高的敏感度，不断追问"为什么"。

捕捉世事变化及其征兆，有时可以发现新的问题。过去与现在都有的不变的事物、过去有而现在没有的被淘汰的事物、过去没有而现在有的新事物、过去与现在都没有的未知事物，这些都需要我们去了解。此时，重要的是要去追问为什么会消失以及为什么会出现。需要发现细微的征兆，把握世事变化的规律。

把握世事变化的规律

要思考已经消失的事物为何消失、新出现的事物为何出现。从世事变化及其征兆中找到思考问题的灵感。

尚未出现的事物：侍从机器人

新出现的事物：智能手机、电子香烟

已经消失的事物：老式电话、软盘

没有变化的事物：拉面摊、服务场所的广播员、喝醉的大叔

现在 ⬅ 过去

对存疑及出乎意料的事情，应该问一个"为什么"。要知道并非架设好"天线"就万事大吉。在获取信息时，好奇心可以帮助我们接近事物的本质。另外，不能仅限于观察事物，需要找出事物的"特征"。例如，大大偏离平均值的"极端用户"。有时这些用户的存在，本身就代表了世事的变化及其征兆，因此他们可以成为很好的样本。

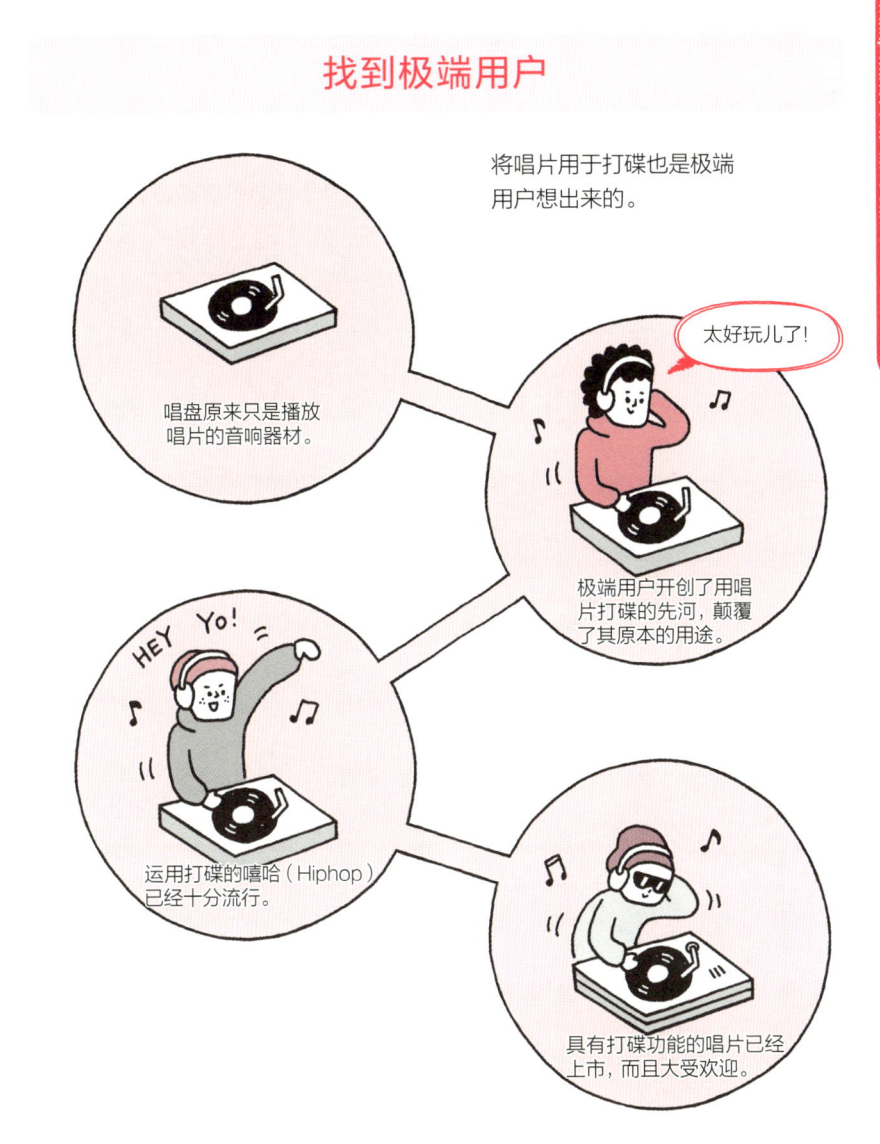

找到极端用户

将唱片用于打碟也是极端用户想出来的。

唱盘原来只是播放唱片的音响器材。

太好玩儿了！

极端用户开创了用唱片打碟的先河，颠覆了其原本的用途。

运用打碟的嘻哈（Hiphop）已经十分流行。

具有打碟功能的唱片已经上市，而且大受欢迎。

关键词 ➡ ✓可控性

07 不要关注本就无解的问题

人的时间都是有限的。以是否可控将问题分类,对那些自己根本不可能解决的问题,从一开始就不要触碰。

并不是所有问题都需要处理,对那些凭借一己之力无法解决的问题,将其暂时搁置是聪明的选择。起因于自己的行为,或者问题产生于内部,这样的问题比较容易控制,大多也可以解决。而起因于社会的变动或者需要与委托人等其他人进行协调的问题,只凭借单方面的努力是没有用的。这类问题,即便你费尽周折也很难有什么结果,所以从一开始就应该将其打入另册。

了解自己能改变什么

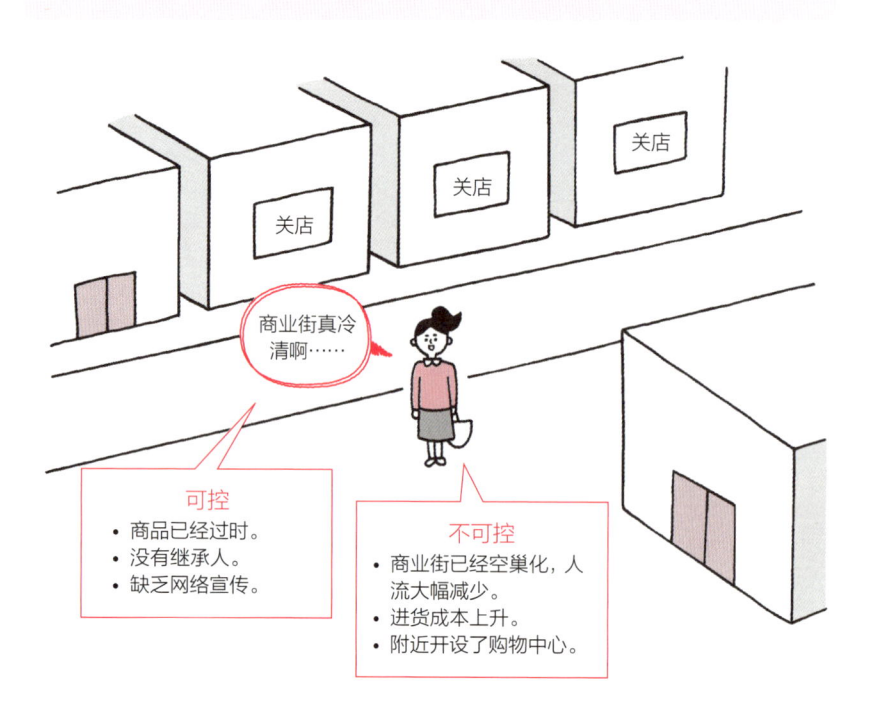

关店
关店
关店

商业街真冷清啊……

可控
- 商品已经过时。
- 没有继承人。
- 缺乏网络宣传。

不可控
- 商业街已经空巢化,人流大幅减少。
- 进货成本上升。
- 附近开设了购物中心。

以团队的形式讨论问题的可控性是一个行之有效的办法。准备好纸或书写白板，将想到的问题按是否可控进行分类。对于可控的问题，继续讨论如何解决。对不可控的问题，也应该再思考一下，看看是不是真的一点办法都没有。经过这样的过程，可以完成对问题的多角度理解。

从多角度理解问题

将问题列在书写白板上，然后通过分类、分析，从多个角度加深对问题的理解。

把想到的问题记下来。

将书写白板上的问题按是否可控进行分类。

思考是否正确地进行了可控与否的分类以及被归为可控的问题中哪个问题是特别能引起人注意的。

重新思考一下己方是否完全无法对其施加影响。

群策群力，讨论该如何解决问题。

第 2 章 问题的解决始于"发现"问题

关键词 → ☑ "6W2H" 分析法

08 通过 "6W2H" 分析法锁定问题

要探明问题所在时，可以运用"6W2H"分析法来具体定义问题。

在具体地表述事物时，"6W2H"分析法可以有效地帮助我们整理思路。在语文课及英语课上，经常会提到"5W1H"，即 When(何时)、Where(何地)、Who(何人)、What(何事)、Why(为何)、How(如何)这六个疑问词。在此基础上再加上 Whom(对谁)、How much(几何)就是"6W2H"。

用"6W2H"锁定问题

何时（When）
1~6月

何人（Who）
总裁

何地（Where）
办公室

对谁（Whom）
针对员工

"组织内部沟通不畅""部门间相互封闭",这些都不能被称为问题。因为描述过于抽象,让人无从讨论。这个时候,就需要使用"6W2H"分析法来锁定问题。通过对八个疑问词进行回答,将问题具体化。<u>这种方法可以避免讨论问题时出现疏漏,有时还能注意到平时未加注意的事情以及产生意想不到的新点子。</u>

何事(What)
定了很高的业绩指标

为何(Why)
因去年业绩不佳

> 差一点儿就倒闭了。

如何(How)
一天跑十家客户

> 请您一定要关照一下!
>
> 我们是不会签合同的。

几何(How much)
低薪资

> 这个月的工资。
>
> 真不想干了……

第 2 章 问题的解决始于"发现"问题

关键词 ➡️ ☑ 时、空、人

09 发现问题的着眼点

观察事物的视角不同，看到的问题也就不同。应该学会从多个角度着眼来发现问题。

即便现在还只是一个小问题，但随着时间的推移，也可能发展成大问题。在什么时间点观察问题、以多长的时间跨度来观察，随着时间的改变，我们能发现的问题也会不同（时）。同样，针对地区或组织中的什么地方进行观察（空），由什么样的立场、职责的人来观察（人），根据这些区别，能看到的问题也会发生变化。我们将这三个要素合称"时、空、人"。

根据时、空、人及目的来发现问题

时间
活儿干砸了，装作没发生吧。

空间
把玩具的零件搞错了，不管它了。

多年后
洞变大了，漏雨严重。

在装箱工序中发现了零件有问题。

另外，问题还会因目的而变。例如，如果认为公司是为股东而存在，那么分红比例低就是一个大问题。但是，如果认为公司是为贡献社会而存在，那么纳税、雇用就是重要的问题。<u>不能以个人自命不凡的视角来对问题进行选择，需要从多个角度提出不同的问题，在此基础之上决定应该去解决什么样的问题。</u>

关键词 ➡ ☑ PEST 分析法

10 从外因入手发现潜在问题

如果能搞清楚自己处于何种环境之中，那么就比较容易发现潜在问题。PEST分析法就是一种对宏观环境进行分析的方法。

潜在问题是指现在还没有出现什么不良影响，但今后可能会暴露出来的问题。要发现这种问题，应对本公司所处的外部环境进行分析。常用的方法是 PEST 分析法。PEST 取自 Politic（政治）、Economy（经济）、Society（社会）、Technology（技术）这几个词的首个字母，从这四个方面找出可能对今后产生影响的因素。

通过PEST分析来解读出版业

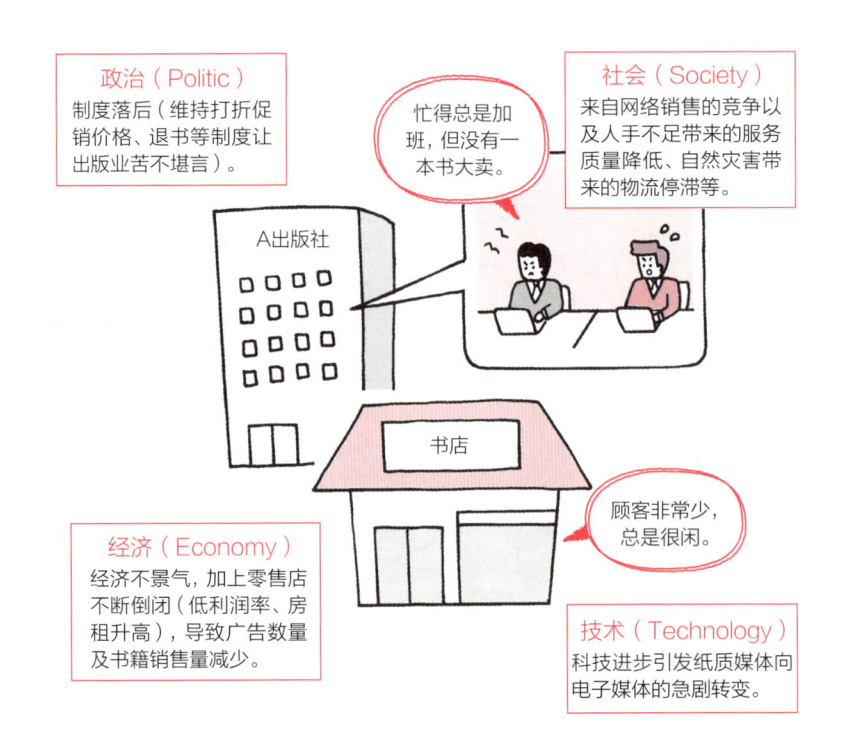

政治（Politic）
制度落后（维持打折促销价格、退书等制度让出版业苦不堪言）。

社会（Society）
来自网络销售的竞争以及人手不足带来的服务质量降低、自然灾害带来的物流停滞等。

忙得总是加班，但没有一本书大卖。

A出版社

书店

顾客非常少，总是很闲。

经济（Economy）
经济不景气，加上零售店不断倒闭（低利润率、房租升高），导致广告数量及书籍销售量减少。

技术（Technology）
科技进步引发纸质媒体向电子媒体的急剧转变。

进行 PEST 分析时，如果参加者的背景比较多样，就可以获得来自不同角度的各种信息。对大家提供的信息进行整理，检查是否有疏漏。之后对带给经营的影响及不确定性做出评估。PEST 分析的一个长处就是分析的范围不仅限于现在，还可以对长期的动向进行分析。通过分析来解读时代变化并找出潜在问题，让自己的公司永远走在其他公司的前面。

通过PEST分析来制定未来战略

上司　　同事
经营战略顾问　　市场部
邀请不同背景的人参与分析

提高纸质媒体的价值。
利用无人居住的住宅做店铺来扩大销售范围。
对大家提供的信息进行讨论

使用了优质纸张印刷书籍，看上去很有质感。
顾客
无人居住的住宅已经成为社会问题，可以利用这些房屋来增加销售店铺的数量。

出版战略
把各种想法总结一下。
挑出对出版社有用的信息

关键词 → ☑ 3C 分析法

11 从三个视角提出问题

如果视角比较偏颇，可能会因此漏掉重要的问题。思考问题时，需要从顾客及竞争的角度出发。

在发现问题的过程中，人们容易从本公司（Company）的角度出发，将生产效率低、人手不足等视为问题。但产品不够吸引人、服务差等顾客（Customer）视角下的问题同样重要。罔顾这些问题而只去解决本公司方面的问题，是很难提高业绩的。要明白不能只盯着内部找问题，一定要有向外看的视角。

解决问题时所需的 3C 分析法

本公司（Company）

A手机生产厂家

- 现在人手不足，只能辛苦你了。
- 工作量太大，而且交货时间非常短。
- 还是跳槽吧。
- 工资还这么低，干不下去了。

只有本公司的视角则很难理解"为什么会出现人手不足的问题"。

52

另外，不要忘记竞争（Competitor）的视角。无论提供的产品及服务多么能够令顾客满意，但如果不能在竞争中胜出就都没有任何意义。要时刻想着销路不畅、成本偏高等竞争视角下的问题。上述提到的三个"C"被称为 3C 分析法。三个"C"之间没有一个恒定的优先顺序。需要根据时间、地点找到恰到好处的均衡点。

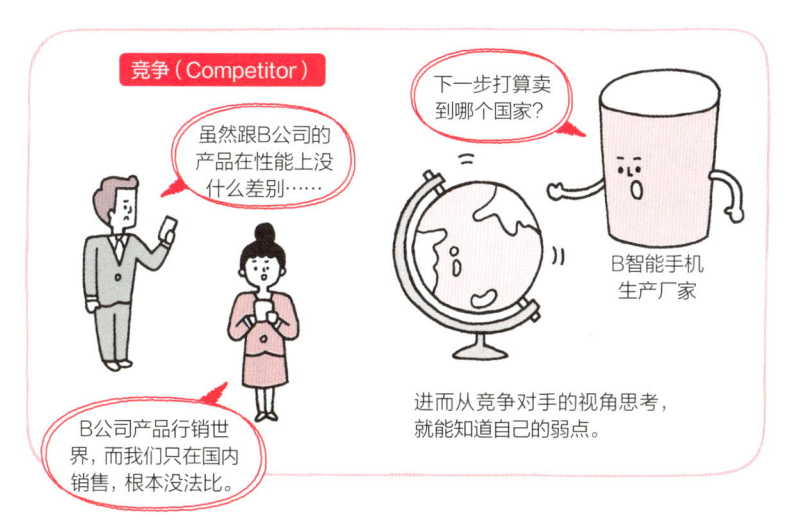

顾客（Customer）

如果能从顾客的视角思考，就能明白"产品的评价不好、利润低"是"为什么本公司的人手不足"这一问题的原因。

新产品的评价不好！

智能手机发售日 A公司最新型

A公司智能手机

A公司的服务也很差。

外观设计不太吸引人。

竞争（Competitor）

虽然跟B公司的产品在性能上没什么差别……

下一步打算卖到哪个国家？

B智能手机生产厂家

B公司产品行销世界，而我们只在国内销售，根本没法比。

进而从竞争对手的视角思考，就能知道自己的弱点。

关键词 ➡ ✓ SWOT分析法

12 从四个视角勾画理想蓝图

勾画理想蓝图时,对内部环境与外部环境从正负两方面进行思考是十分有益的。

应用SWOT分析法(态势分析法)时,需要做出以"内部环境/外部环境""正面/负面"为两轴的矩阵表。内部环境是指本公司的经营资源(人员·物资·资金)及工作流程,外部环境是指行业动向、社会局势及时代变化等。四个方面分别为优势(Strength)、劣势(Weakness)、机遇(Opportunities)、威胁(Threats)。

服装企业的SWOT分析

	正面	负面
内部环境	**优势(Strength)** "我们生产的帽子绝对质量一流。" 销售由制帽工匠设计的新潮帽子。	**劣势(Weakness)** "如何才能增加销售量呢?" "还是把心思放在如何做好帽子上吧。" 缺少能提高销售额的经营技巧。
外部环境	**机会(Opportunities)** 人们开始注重作为一种时尚物品的帽子。	**威胁(Threats)** 优衣库 H&M "价格真便宜。" 大型快时尚服饰企业正在拓展业务。

通过 SWOT 分析，可以对本公司所处的位置有客观的了解，这能为我们勾画理想蓝图提供帮助。而且，把四个视角进行组合，还可以找到新的目标。例如"利用优势战胜威胁""抓住机遇填补劣势"等。<u>这种方法常被用于讨论经营战略，对找出实际工作中存在的问题也很有效果。</u>

通过SWOT分析找到目标

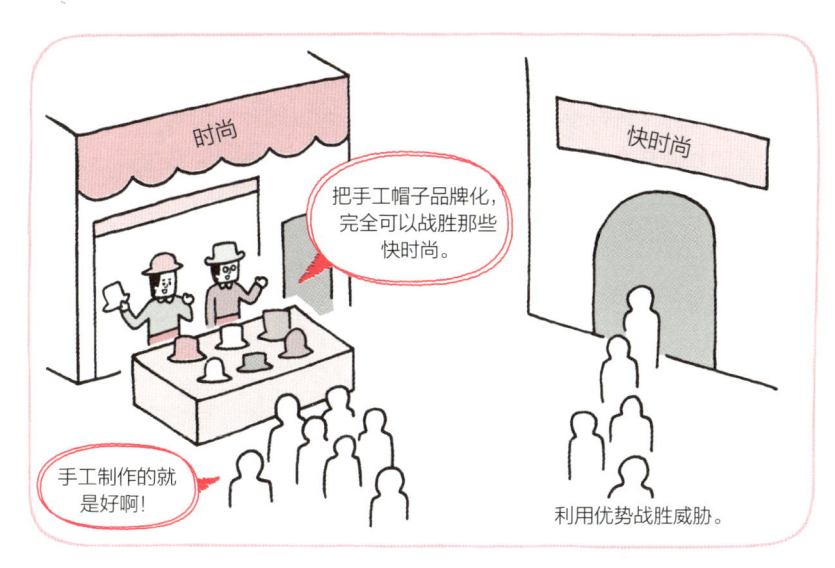

时尚

把手工帽子品牌化，完全可以战胜那些快时尚。

快时尚

手工制作的就是好啊！

利用优势战胜威胁。

在巴黎时装周上发布新款，在全世界范围内得到宣传。

抓住机遇填补劣势。

咱们公司真是稳步前进啊！

第 2 章　问题的解决始于"发现"问题

关键词 ➡ ☑ 奇迹提问

13 畅想理想状态

不要一开始就思考应该做什么,应该首先明确希望自己的事业发展成什么样子,从理想蓝图出发去设定问题。

有时会被显在型问题所困扰,因而无法思考追求理想型的问题。遇到这种情况时,可以试一试奇迹提问。设想"如果发生奇迹,自己变得无所不能,此时你想成为什么样子"。通过这种方法,可以抛开一切制约与限制,也不用考虑现实性及有效性,只是自由自在地思考一下自己究竟想要什么。

从理想出发思考问题

以往的解决问题的方式
- 这可糟糕了。
- 很多员工都要辞职。
- 人手不足,工作开展不下去。
- 只要一个人干五个人的工作就没问题。
- 简直是地狱!

从理想出发思考解决问题
- 原来如此。
- 员工接连辞职。
- 下个月我也辞职。
- 我志向很高,请您放心。
- 大家好像都想留下来。

在解决问题时，往往会把应该做的事情、必须要做的事情放到优先位置。这样总有被动工作的感觉，在被责问"为什么干不好"时，自己总能找到借口。所以正确的做法是，明确究竟"想做什么"，然后思考"如何才能做好"。要通过正向思维，打消"做不好"的想法，敢于去挑战大的问题。

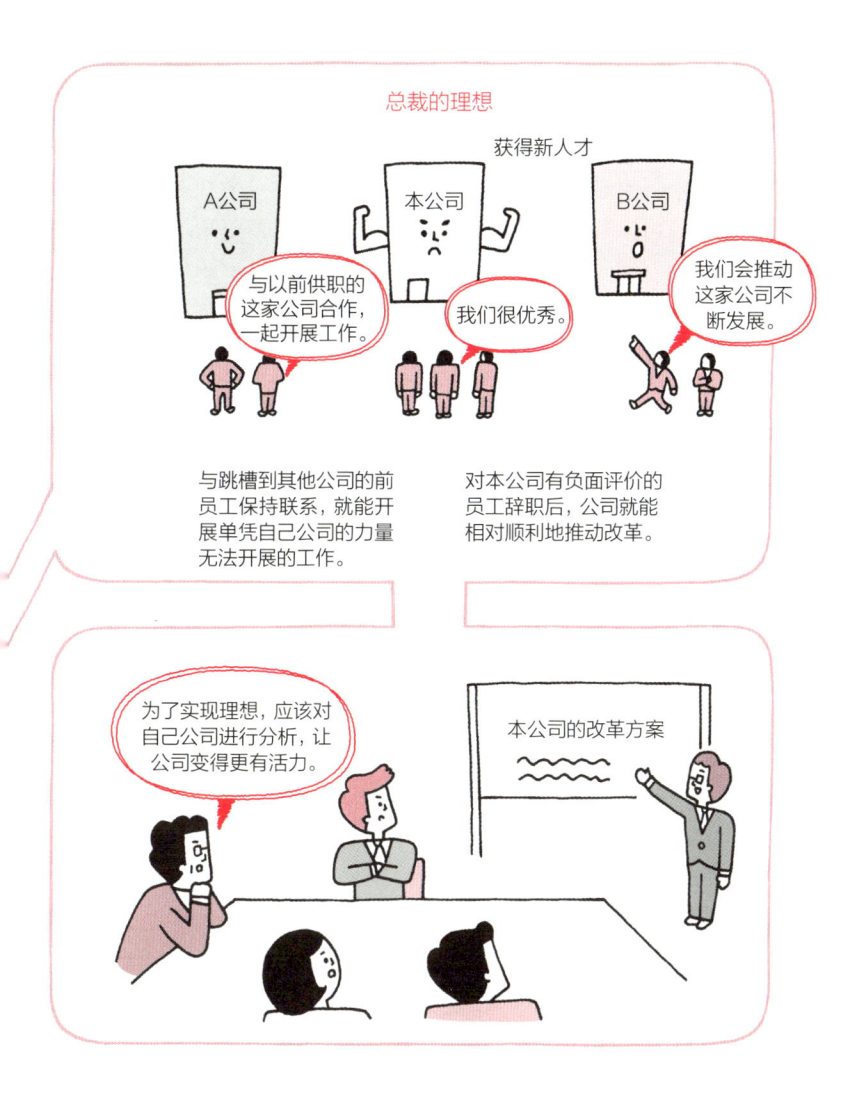

第2章 问题的解决始于"发现"问题

总裁的理想

获得新人才

A公司 ／ 本公司 ／ B公司

- 与以前供职的这家公司合作，一起开展工作。
- 我们很优秀。
- 我们会推动这家公司不断发展。

与跳槽到其他公司的前员工保持联系，就能开展单凭自己公司的力量无法开展的工作。

对本公司有负面评价的员工辞职后，公司就能相对顺利地推动改革。

为了实现理想，应该对自己公司进行分析，让公司变得更有活力。

本公司的改革方案

可视化图表 3

柱状图

用柱状图表示数量及类别

柱状图用柱状图形的高度（横轴则为长度）来表示数量大小，用横轴上的时间轴来表示数量变化。饼状图不适用于表示多个对象的构成比以及对其进行比较，而且也无法表示时间序列上的变化。柱状图可以解决这些问题。按时间序列观察各时间段的销售额变化时，非常方便易懂。即便只有一个柱状图形的数值明显大于其他的，也不能任意缩短其长度。柱状图的一个重要功能是比较，所以必须按实际的长短比例制图。堆栈柱状图（stacked column chart）用于对各个柱状图内的每个类别进行比较。此时，将相同的类别用点线连接会更加一目了然。

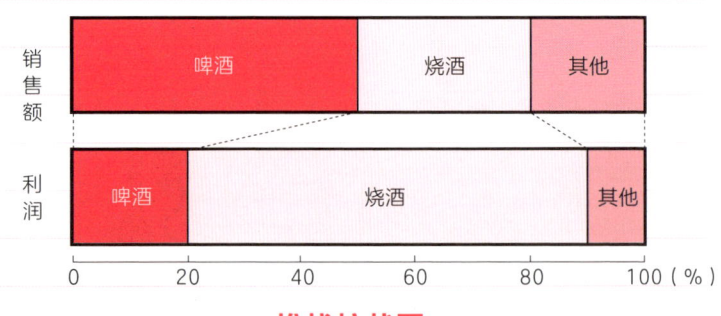

堆栈柱状图

通过堆栈柱状图，可看出将两个柱状图同时排列，可以让同一类别的相互关系更加明了。

可视化图表 4

条形图

便于对各个类别的数量进行比较的横条图表

条形图的横轴表示数量，纵轴为各类别的名称。条形图看上去与柱形图类似，但这种图表用于对不同类别的大小（数量）进行比较。但是，与柱形图不同的是，条形图不适合用来表示时间序列的变化。这种图的优点是即便类别名称较长也比较容易识别。这一点，双向条形图也具有同样的功能。这种图只是对条形图略加改动，将类别名称置于中央，左右为条形，适于对同一类别进行比较。无论哪种图，例如纵轴的类别如果是商业设施，则可以按照顾客到商业设施距离的远近以及商业设施规模的大小来排列数值。

便利店 A	距店铺距离	购物中心 A
50%	500 米以内	10%
40%	501~1000 米	10%
10%	1000 米以上	80%

按距店铺距离分类的顾客比例

双向条形图示例

通过示例的条形图，可知晓将两个条形图组合在一起就是双向条形图。可以同时看到多个类别的情况。

专栏 2

"平均之上"是一种自我认知的偏差

有以高中生为对象的"自我认知"调查。就领导才能、运动能力等七个正面的性质进行提问,让受调查者回答自己的相关能力是否在平均之上。结果显示,大多数人的回答都是"自己在平均之上"。

而在有关负面性质的调查中,回答自己在平均之上的比例则大大降低,只有 40%。也就是说,人的自我认知总是偏向于对自己有利的方向。

好事全归功于自己,坏事都怪别人,人其实就是这样的。抱怨"环境差""社会制度不好",总喜欢甩开责任,这种思维方式就来自趋利避害的自我认知。

绝不要姑息自己,要用公平、公正的眼光重新审视自身,这对所有人来说都是很重要的。

第 3 章

探求问题产生的原因

只有经过分析才能知道问题的原因。
采用的方法不同，应对方式也会相应改变。
本章将学习分析的方法。

导语
培养探索
原因的能力

绝不能轻视分析

即便已经发现问题,但如果不能找到导致问题的原因则解决问题就无从谈起。因为如果疏于分析原因,就可能采用错误的解决方法。

我们可以举例说明。假设现在的问题是"天花板上的灯泡不亮了"。如果急于判断灯泡不亮的原因,很可能就会认为只不过是灯泡的寿命到了。可是当换好新灯泡后却发现灯还是不亮。实际上"灯泡不亮"的原因并不在灯泡而在天花板。

就像这样,如果疏于探求原因,很可能就会拿出完全错误的解决方案。其实只要不草率地把原因归结于"灯泡寿命到了",而是仔细分析一下,就能知道原因出在天花板上。如果把灯泡这样的小问题换成关乎人生的重大问题,那么一个小错误可能就是致命性的。为了避免犯这样的错误,需要培养深入分析原因的能力。

1 深入挖掘问题的真正原因

寻找问题原因的正确做法是从表面不断深入挖掘,直至锁定真正的原因。比较有效的方法是原因分析与逻辑树。

② 整理问题要做到无疏漏、无重复

在整理问题时,最好对其中的因素进行简单的分类。做到既无疏漏,也无重复,这样就能减少失误。

③ 找出影响因素,探求问题本质

很多问题都受多种因素影响,所以往往很难找到本质性的因素。这里我们建议使用特征因素图作为分析工具。

④ 通过视觉把握流程与关联性

将工作细分,工作流程中存在的问题就能显现出来。在时间序列上将工作流程可视化的流程图是有效的方法。

⑤ 防止出现重大事故

要消除重大事故,只对事故本身进行分析是不行的。通过分析小隐患,可以防止大事故的出现。

如果不能把实现目标道路上的障碍找出来,就不可能解决问题。因此,从多种角度对导致问题的原因进行调查、分析是十分重要的。分析的方法有很多,如果不能选择正确的方法,就无法锁定原因。

关键词 ➡ ☑ 原因分析法

01 深挖原因

原因分析法就是针对问题反复追问"为什么",以此来找到真正的原因。

要解决问题,就必须找到导致问题的真正原因。如果只看到问题的表面就急着下结论、拿出对策,则问题无法得到根本解决,迟早会再次显现。应该先找到存在于问题深层的根本原因,然后思考如何将其消除。我们要经常使用原因分析法对问题进行深挖,培养自己爱问"为什么"的习惯以及思考能力。

通过问"为什么"找到问题的根本原因

- 如何解决眼前的问题?
- 只关注问题的表面是不行的。
- 要深挖问题,搞清楚问题为什么产生。
- 为什么问题如此严重?为什么没能早点儿发现?
- 不断追问"为什么"就能找到问题的根本原因。

问题 → 根本原因

我们假设 A 店铺的新员工 B 下错了订单。可以问一问"这是为什么"，B 回想起"是输入数值时出了错"，于是问题的产生原因就明确了。接下来针对这个原因继续问一个"为什么"，重复同样的过程。<u>只要能找到符合逻辑的解决最初问题的答案，就一直深挖下去，直至找到导致问题的真正原因。</u>

下错订单时的"为什么"

怎么这么多巧克力？

这是贵公司订的货。

老板

为什么订了这么多？

下订单时输错数值了。

明白了，是因为下订单时没有仔细确认。

为什么会下错订单呢？

为了进行彻底地管理，要制定一个订货守则。

全体员工都要遵守订货守则，必须进行核查。

订货守则

好的。

员工

第 3 章 探求问题产生的原因

关键词 ➡ ☑ 逻辑树

02 尽量细致思考问题

逻辑树是将需要讨论的主题分解成多个要素并采用树状（金字塔状）图表示。

一个问题的原因未必只有一个。很多问题是由多种因素引起的，有时只靠"为什么"分析可能也很难找到问题的真正原因。应先将所有的因素都找出来，然后从中选择重要的。这个时候，逻辑树可以给我们提供帮助。该方法分为四步。第一步，先将问题置于左端或最上部。例如"我家的储蓄额不见增加"等。

反复问"为什么"的逻辑树

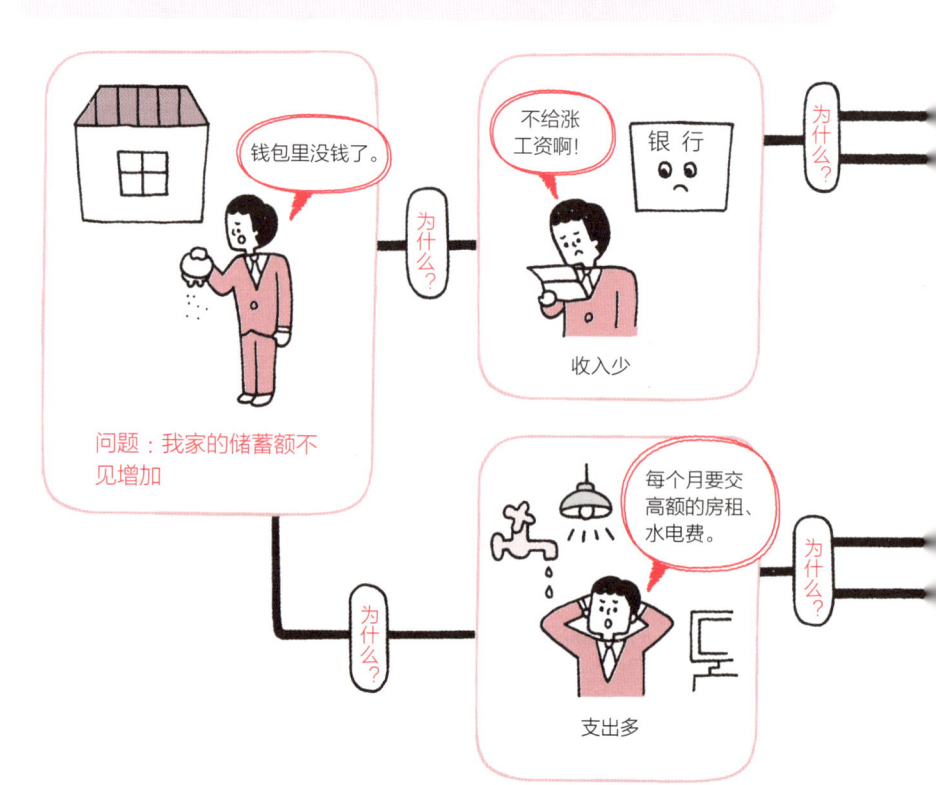

问题：我家的储蓄额不见增加

为什么？
- 收入少（不给涨工资啊！）— 为什么？
- 支出多（每个月要交高额的房租、水电费。）— 为什么？

第二步，思考"储蓄额不见增加"是由什么因素引起的。先大致列出两三个因素，例如"收入少""支出多"等。第三步，<u>继续问"为什么"</u>，进一步思考更加具体的因素。例如，"为什么收入少？"针对其他因素以及更加具体的因素也要重复这个步骤。第四步，从列出的因素中挑出重要的。那就是本质性的因素。

奖金

经济不景气，所以产品销售不佳。

库存　库存

公司

公司业绩差

为什么？

工资

啊，什么？

不成为管理层就不能涨工资。

按公司的规定不能涨工资

为什么？

临时支出较多

为什么？

呼呼……

生活费高

为什么？

第3章 探求问题产生的原因

关键词 ➡ ✓ MECE

03 整理问题要做到无疏漏、无重复

如果想从多个角度进行分析，或者想防止讨论中出现遗漏，MECE是一个有效的方法。

MECE 是 Mutually Exclusive and Collectively Exhaustive 的缩写，意思是"无疏漏、无重复"，也就是 P66 介绍逻辑树时提到的一个要点。例如，在考虑本公司的网点时，如果只有分公司、销售店、工厂这三项，那就可能出现分类过少或重复分类的问题。为了避免这种情况发生，我们有必要记住 MECE。

按照MECE进行整理

（左图）强化本公司的各项功能：工厂、销售店、分公司
✗ 这个逻辑树分类过少，这样不行。

（右图）强化本公司的各项功能：工厂、制作公司、销售店、分公司
✗ "工厂"与"制作公司"重复了，这样不行。

为了对所有网点进行整理，一个方法是按所在地区对各个网点进行MECE式的分类。可以考虑采用销售店与销售店之外这样的大分类。在考虑组织与战略时，经常出现MECE可起到重要作用的情况。谨记无疏漏、无重复这一原则，思考分类的目的及分类的标准，就能通过整理把手上的信息变得更有价值。

强化本公司的各项功能

- 关东分公司
  - 总公司
  - 分公司
- 关西分店
  - 饭田桥分公司
  - 九段下分公司
  - 京桥分公司
  - 岸和田分公司
- 首都圈的工厂
  - 销售店
  - 工厂
- 关东的销售店
  - 龟有××店
  - 北千住××店
  - 上尾工厂
  - 柏工厂

运用MECE分类实现了对本公司网点的整理。

要点

MECE是在运用逻辑树对事物进行整理时尽可能减少疏漏与重复的一种思维方式，但并非框架。

第3章 探求问题产生的原因

关键词 ➡ ☑ 特征因素图

04 找出影响因素，探求问题本质

多数问题都产生于多种因素的共同作用下。特征因素图可以帮助我们把能够想到的所有因素全部列出。

特征因素图原为质量管理中使用的一种分析工具。在右侧写下要讨论的主题，然后列出全部导致问题发生的因素，不要有遗漏。接下来，列出导致这些因素产生的因素，以此类推，尽可能地将因素细化。通过这种方法，将所有因素全部找出，在此基础上思考如何拿出具体、有效的对策。

找出导致事故的因素

设备起火了！

不好了！

我来告诉你们。

起火原因是什么？

啊，这是解决问题先生。

特征因素图可以从多种角度显示引发问题的因素。假设一家工厂发生了事故,则可以把原因按工人、设备、生产环境、生产流程分类。接下来,可以列举工人轻视安全、设备保养维护不好等因素,将原因细化。在此基础之上,找出本质性的因素并拿出对策,这样才能真正解决问题。

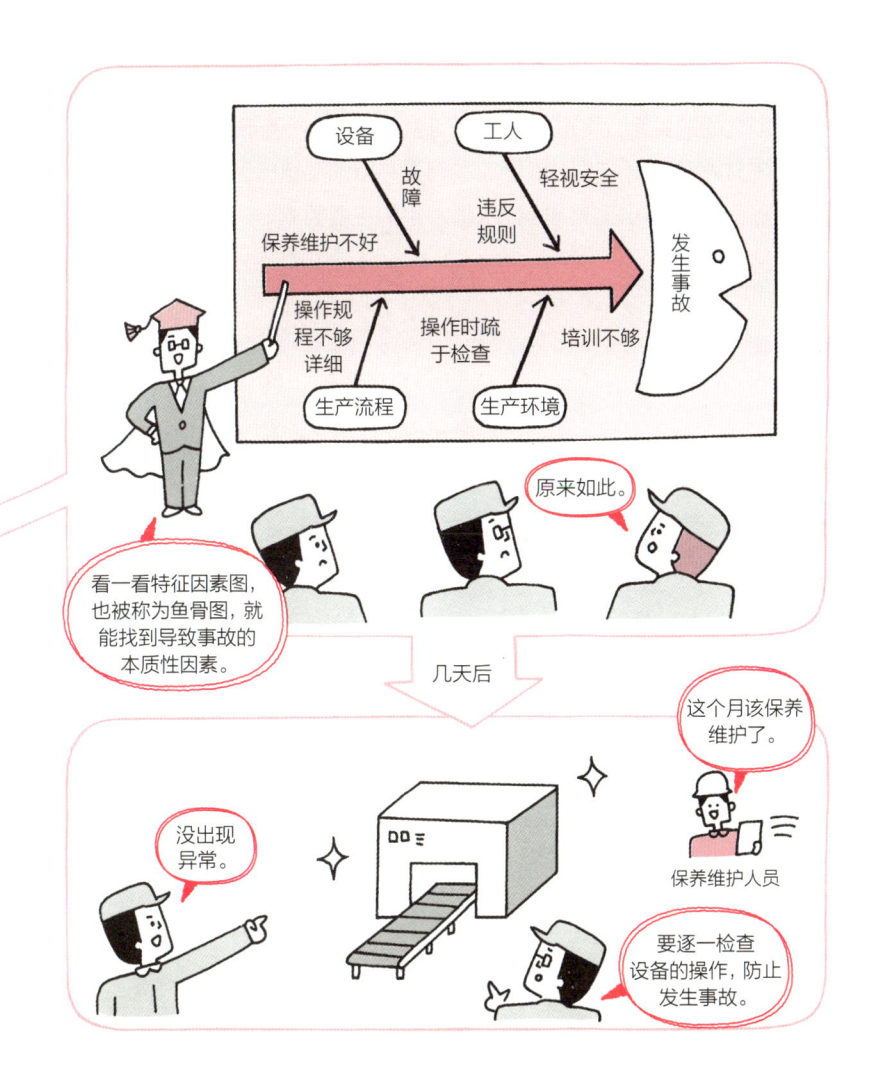

关键词 → ☑ 关联图

05 找出因素之间的关联

在解决多种因素交织在一起的问题时，关联图是从中找出真正原因的一个有效工具。

原因与结果、目的与手段错综复杂地交织在一起时，可以通过**关联图**来显示各种因素之间的关系。将想要解决的问题（或目的）置于屏幕（或纸张）中央，然后在其周围列出一次因素、二次因素并用箭头标出因果关系以及原因之间的联系。这样就可以<u>锁定导致问题发生的主要因素</u>。

通过关联图找出关键原因

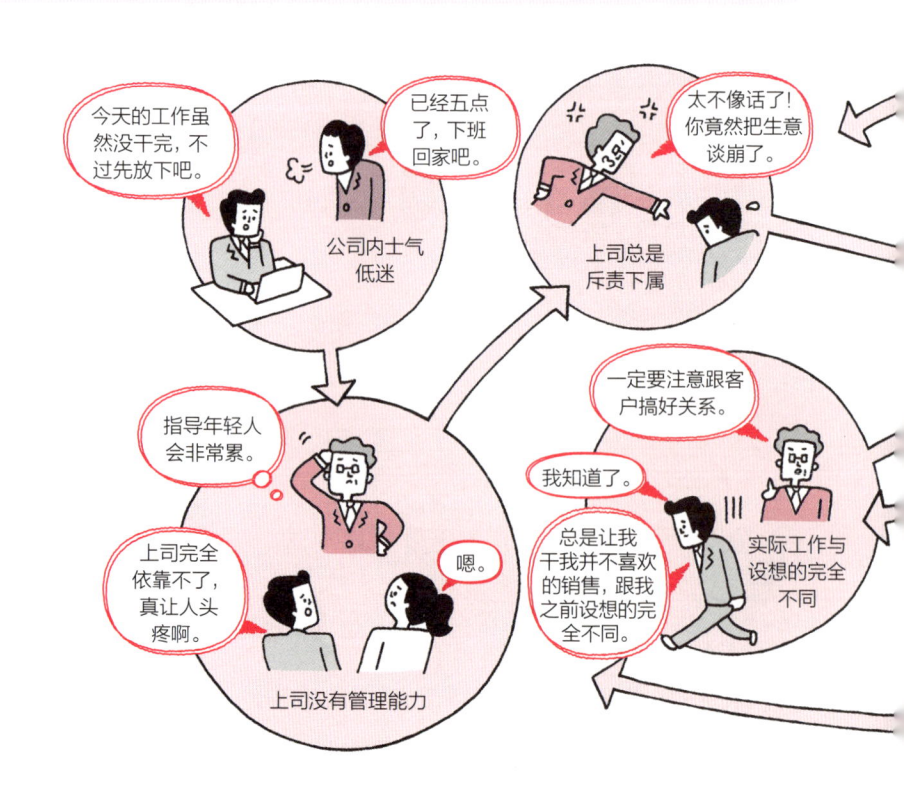

今天的工作虽然没干完，不过先放下吧。

已经五点了，下班回家吧。

太不像话了！你竟然把生意谈崩了。

公司内士气低迷

上司总是斥责下属

指导年轻人会非常累。

一定要注意跟客户搞好关系。

我知道了。

上司完全依靠不了，真让人头疼啊。

嗯。

总是让我干我并不喜欢的销售，跟我之前设想的完全不同。

实际工作与设想的完全不同

上司没有管理能力

例如，我们可以分析一下"年轻人离职率升高"的问题。将主题置于图中央，列出"工作强度大""上司总爱斥责人""工作与预想的不一样"等可能导致离职的因素。之后用箭头将可能具有因果关系的因素连接起来，思考产生这些因素的共通原因。同样用箭头连接。反复进行这一操作以找出真正的原因，然后拿出对策来解决问题。

关键词 ☑ 流程图

06 通过视觉把握流程与关联性

将工作流程"可视化",可以提高设计、分析、管理的生产率。

流程图通过输入（Input）、过程（处理）、输出（Output）三项来表示工作流程。这种图是在明确入口与出口的同时,将工作流程与因果关系"可视化"的工具。找出效率低、影响整体工作进展的工作瓶颈,拿出必要的对策,就能提高整个工作流程的效率。

出版社的流程图

咱们出一本有趣的书。

策划会 [输入]

工作瓶颈
让总编审查策划书时,为了获得社长的批准,需要花一些时间。如果总编能事先揣测到社长的意图,出书的进程就能加快。

嗯,想办法让内容更有趣一些。

社长

把你的策划书给社长看看。

总编　策划书　下属

完成策划书,确定内容 [确定方针]

要想提高工作流程的效率，处理好工作瓶颈十分重要。工作瓶颈就是一块绊脚石，会影响整体工作的效率，首先要让工作瓶颈处的潜在能力全部发挥出来。然后让其他的流程与之相配合，减少不必要的工作。节省出的资源可以用于提高工作瓶颈的效率。反复这一操作，就能改善整体的工作流程。

采访、拍照 [收集素材]

其实我有个好办法。

嗯。

咔嚓

校对

这个也要拿去校对一下。

设计

发售 [输出]

今天是发售日。

书店

> **要点**
>
> 流程图需要让所有人一看就懂。一般来说，最好使用图标及图形。

第 3 章 探求问题产生的原因

关键词 ➡ ☑ 亲和图法

07 找到共通的因素

依靠团队的力量发现问题时,可先将信息写在卡片上,然后进行分类、整理并展开思考,这种方法就是亲和图法。

亲和图法分四步进行。第一步,将想到的点子写在卡片上,即"制作卡片"。第二步,将有联系的卡片集中在一起,即"分组"。第三步,将各组之间的关系用线标明并对各组的位置进行调整,即"图解化"。第四步,从处于起点的卡片开始依次将所有卡片的内容串起来,即"文章化"。如果不能串成一篇符合逻辑的文章,则试着调整一下卡片的位置。亲和图法的特点是根据自己的直觉进行操作。

亲和图法的四个步骤

首先把想到的内容写出来。

①将想到的内容分别写在一张卡片上,然后把卡片无顺序地贴在书写白板上。

这个内容与这个内容相似。

②将意思及语境相近的卡片集中起来分为一组。然后为该组定一个小标题。

将卡片上的内容串成了文章并进行了整理。

④将具有关联的各部分内容串成文章。这样就可以对碎片信息进行整理。

内容终于理顺了。

③分析各组之间的相关性。而且,相关性还包括"相反""因果""有关联""原因"等。

亲和图完成后,问题的全貌才会清晰起来,有时还会有意想不到的发现。亲和图法这种解决问题的方法不仅适用于团队,个人也可以灵活运用。有时头脑中会浮现出一些零散的想法,但这些想法之间好像又看不出有什么逻辑上的联系。亲和图法可以帮助我们找到其中的关联,并且通过整理将这些想法升华为有用的点子。

个人与团队都能使用

个人

多想点内容,然后好好整理一下。

但是一个人的创造力是不够的。

亲和图法适合对信息进行总结归纳,但如果个人使用,因能给出的信息量有限,所以创造力也必然受限。

团队合作

不,还是这样好。

我觉得这个内容的排列有些不妥。

有过争论,但大家都提出了不少好点子。

团队合作时,针对卡片上的内容应如何解释会产生争论,但可以加深相互的理解,更容易想出好办法。

第3章 探求问题产生的原因

77

关键词 → ☑ 标杆分析法

08 探求导致成功（失败）的因素

标杆分析法就是从取得良好成效的事例中发现获得成功的启示，以此来解决问题。

运用标杆分析法时，首先要锁定问题，然后找出解决相关问题最富成效的组织、个人以及案例。然后分析最佳案例与自身之间的差距。为什么别人可以做得那么好，要找到导致差距产生的原因。但不能简单地模仿最佳案例，应设定自己的改革目标并将其落实到具体的行动计划中。

标杆分析法的构成

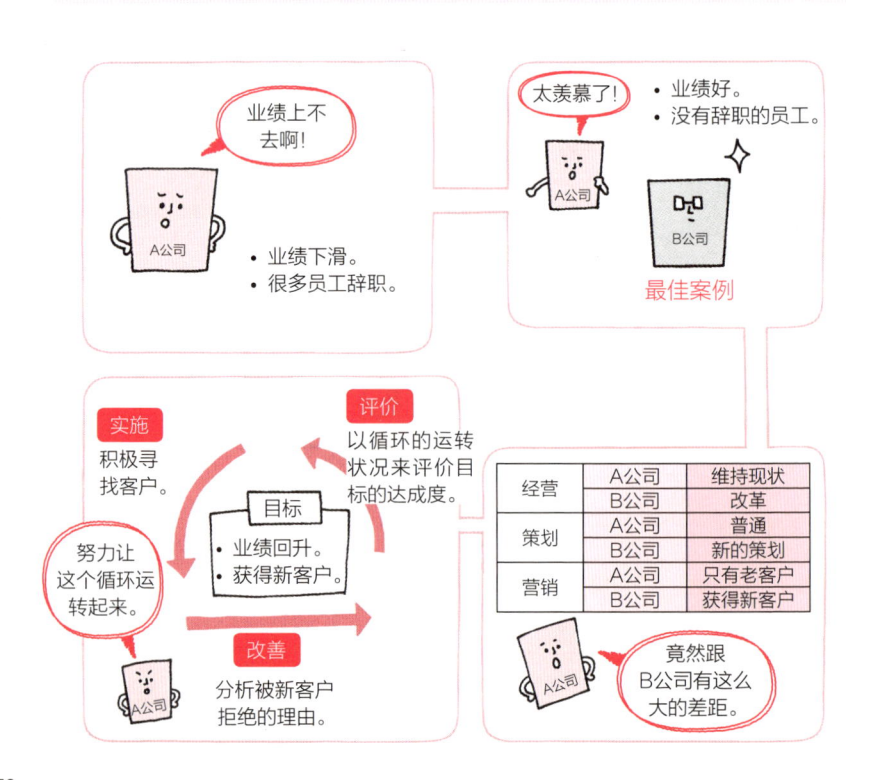

A公司：业绩上不去啊！
- 业绩下滑。
- 很多员工辞职。

B公司：太羡慕了！
- 业绩好。
- 没有辞职的员工。

最佳案例

实施
积极寻找客户。

评价
以循环的运转状况来评价目标的达成度。

目标
- 业绩回升。
- 获得新客户。

改善
分析被新客户拒绝的理由。

努力让这个循环运转起来。

经营	A公司	维持现状
	B公司	改革
策划	A公司	普通
	B公司	新的策划
营销	A公司	只有老客户
	B公司	获得新客户

竟然跟B公司有这么大的差距。

78

标杆分析的对象分为公司内部（公司内负责类似业务的部门）、竞争企业（行业龙头企业）、相同业务部门（其他行业中负责同一业务的部门）和相似部门（其他行业中从事类似业务的部门）四个类型。与自己的做法进行比较、分析，以敏锐的洞察力去发现最佳案例中具有普遍意义、可被一般化的经验。

标杆分析的四类对象

关键词 ➡ ☑三不法则

09 找出低效的业务

为了找到发现问题的切入点,我们经常会用到不可能、不应该、不一定这三个"不"。我们将其称为三不法则。

"不可能"是指所需资源的供给下降而导致负担过重的状况。与此相反,"不应该"是指所需资源的供给上升而出现剩余的状况。这就意味着宝贵的资源被浪费了。与前两个状况相对,"不一定"是指状况时好时坏,不可能与不应该交替出现。这三个"不"均表示效率低,可能成为引发大问题的元凶。

三个"不"引发问题

把这份文件也整理一下。
这已经不可能了。
与上午不同,下午比较空闲。

不可能
所需资源已经承受了过度的负担,很可能会超越临界点而出现崩溃的状态。

几小时后

没有工作,感觉不踏实。
没什么事我就下班了。
上午忙得一塌糊涂。
就是在跟时间赛跑。

不应该
与不可能相反,此时宝贵的资源被浪费掉了。例如,浪费时间、浪费信息、浪费体力等。

不一定
不可能与不应该交替出现,时间的分配及工作质量上会出现这种状态。

我们怎样才能消除不可能、不应该、不一定呢？首先，要将效率低下的工作全部找出来。将这些工作按照不可能、不应该、不一定进行分类、整理。接下来要从中找出重要性较高、需要尽快处理的工作，然后考虑对策并付诸实施。三个"不"中最需要引起重视的问题就是不应该。尤其在提高工作质量时，应坚决杜绝那些不应该。在三不法则的基础上加上不完整（疏漏）、不正确（过失）就是所谓的五不法则，对提高工作效率也非常有效。

消除餐馆里的"三不"

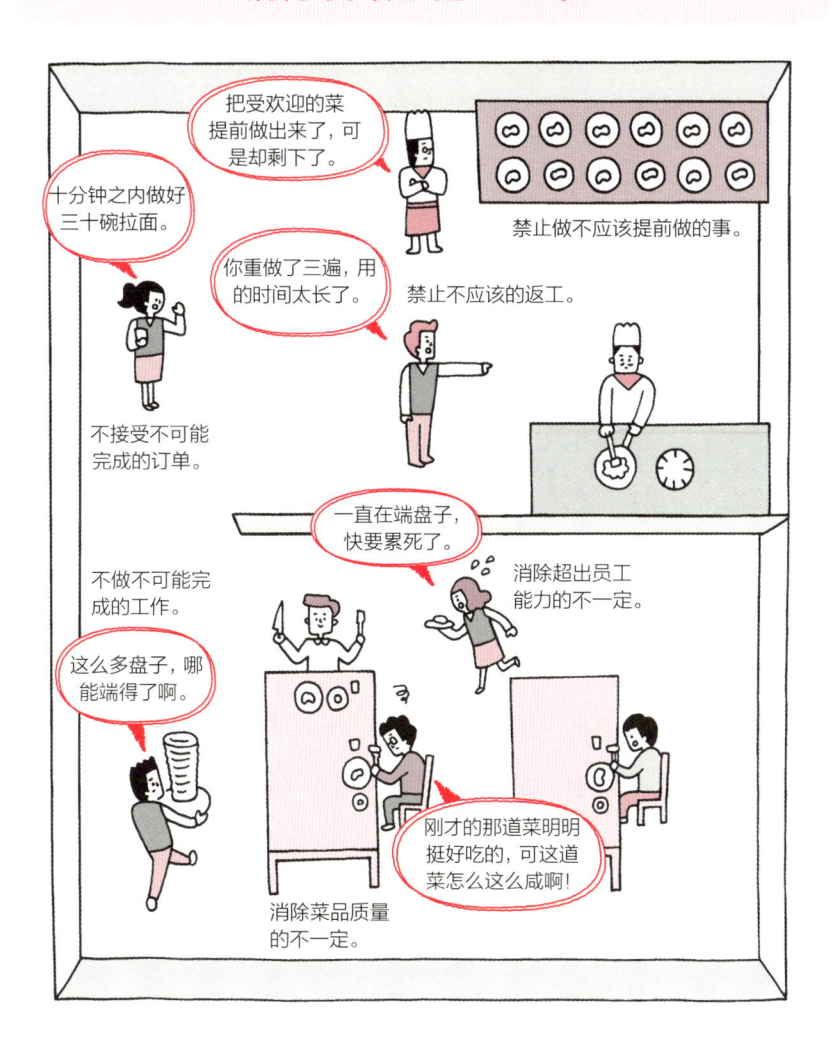

十分钟之内做好三十碗拉面。

不接受不可能完成的订单。

把受欢迎的菜提前做出来了，可是却剩下了。

禁止做不应该提前做的事。

你重做了三遍，用的时间太长了。

禁止不应该的返工。

一直在端盘子，快要累死了。

消除超出员工能力的不一定。

不做不可能完成的工作。

这么多盘子，哪能端得了啊。

刚才的那道菜明明挺好吃的，可这道菜怎么这么咸啊！

消除菜品质量的不一定。

第 3 章　探求问题产生的原因

关键词 ➡ ☑ 海因里希法则

10 防止出现重大事故及失败

为了防止出现重大事故及失败，我们可以运用海因里希法则进行分析并拿出有效的对策。

据说一个大事故的背后会有二十九个小事故。而且在这些小事故的背后还隐藏着三百个有惊无险的小事件。这一经验法则是一个叫海因里希的人发现的，所以被称为海因里希法则。我们要消除重大事故，只关注重大事故本身是不行的。如何减少三百件有惊无险的小事件是非常重要的。

大的失败隐藏于小的危险之中

1
——实在对不起。
——昨天刚买的微波炉就坏了！
极其严重的失败。

29
——消费者投诉说微波炉发出奇怪的声音。
——产品的安全性是没有问题的。
因消费者投诉而产生的失败。

300
——出货量太大了，不会有问题吧？
——螺丝钉拧得都不太紧啊！
虽然没有消费者投诉，但自己已经意识到问题。

可能导致大事故发生的事件的英文单词为 Incident。为了减少这些事件，我们需要从硬件、软件、环境、人的视角去分析为什么会发生。Incident 容易出现在"刚开始"（日语发音为 Hajimete）、"时间很久"（日语发音为 Hisashiburi）、"改变（流程、工序）"（日语发音为 Henkou）时，这三种情况按日语发音的首个字母，被称为"3H"，特别需要引起我们的注意。

注意"3H"的 Incident

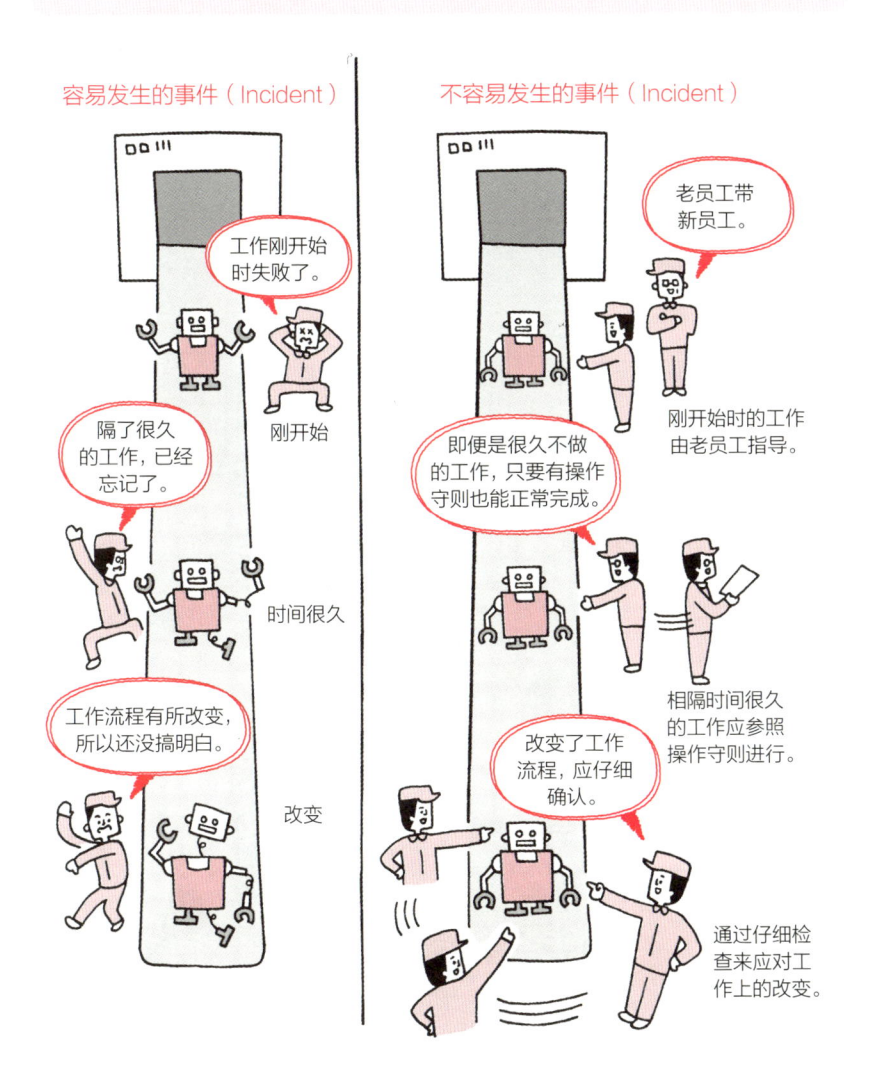

容易发生的事件（Incident）

- 工作刚开始时失败了。 —— 刚开始
- 隔了很久的工作，已经忘记了。 —— 时间很久
- 工作流程有所改变，所以还没搞明白。 —— 改变

不容易发生的事件（Incident）

- 老员工带新员工。 刚开始时的工作由老员工指导。
- 即便是很久不做的工作，只要有操作守则也能正常完成。 相隔时间很久的工作应参照操作守则进行。
- 改变了工作流程，应仔细确认。 通过仔细检查来应对工作上的改变。

第 3 章　探求问题产生的原因

关键词 ✓ 帕累托法则

11 找出关键因素

在很多事情上，最上层的20%往往占据某一整体的80%，这种现象被称为帕累托法则。

销售额的 80% 出自 20% 的顾客。这种现象很常见。如果帕累托法则是正确的，那么显然将所有资源投向 20% 的顾客及商品的话，效率会更高。这种思想被运用于市场营销、产品开发、库存管理、人才管理、投诉处理、时间管理等诸多方面。

关注上层20%

买不了太多。

这里所有的东西我全买了。

就只买这个吧。

这个，还有那个，我都要。

两个客人就能买很多商品，所以我们进货时应选择这两个人喜欢的东西。

能在很多领域中见到"帕累托法则"，如何运用，就要根据自身的特点决定了。例如，在网络销售中，有的企业可以通过对 80% 的商品进行销售价格调整而获得巨大的销售额。有的时候认为这样效率太低，所以就不再考虑下层 80% 的顾客及商品，但是却无法发掘新的顾客及商品。<u>不能简单地套用法则，要拿出能与顾客群的构成相匹配的组合。</u>

建立适合的组合

经常购买者

偶尔购买者　　　　　　　　　　　　偶尔购买者

选择商品的时候是不是要迎合一下占顾客总数20%的经常购买者？

不，那样就无法获得新顾客了。

网络销售从业人员

第 3 章 探求问题产生的原因

85

关键词 → ☑ CS/CE

12 发现价值不匹配

对顾客的满意度（CS）与顾客的期望度（CE）进行比较、分析，努力向顾客提供与其支付的费用相一致的价值。

商品及服务的提供方（企业）与接受方（顾客）之间总会存在不一致。为了能够向顾客提供与其期望相对应的价值，可以通过矩阵对商品及其功能进行分析，纵轴为顾客的满意度（CS 为 Customer Satisfaction 的缩写），横轴为顾客的期望度（CE 为 Customer Expectation 的缩写）。依靠这种分析方法，关于顾客对哪里满意以及对哪里不满意，我们就能较为准确地予以把握。

对满意度与期望度进行分析

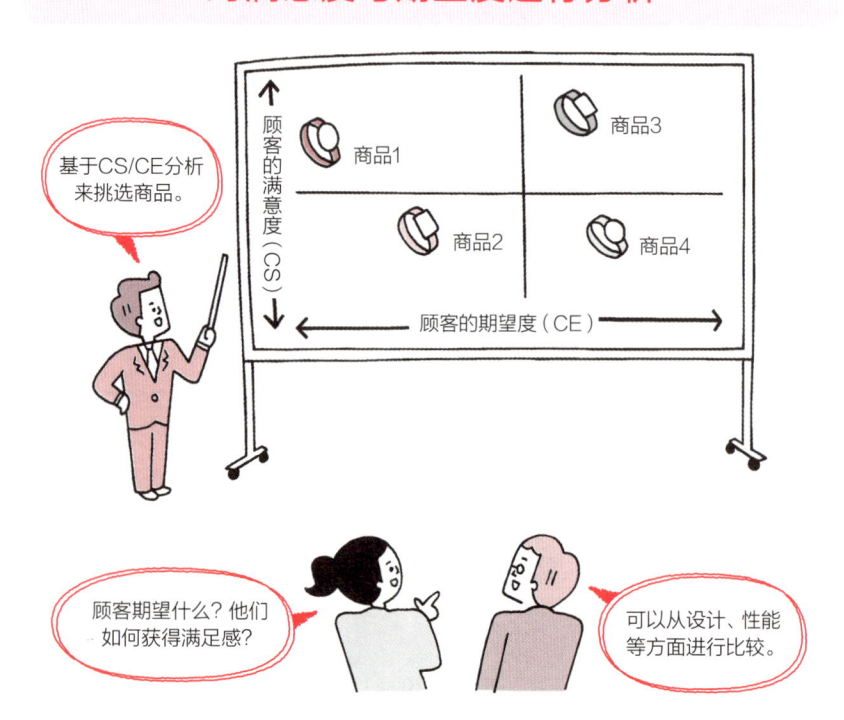

- 基于CS/CE分析来挑选商品。
- 顾客期望什么？他们如何获得满足感？
- 可以从设计、性能等方面进行比较。

（图示：纵轴为"顾客的满意度（CS）"，横轴为"顾客的期望度（CE）"；商品1位于左上，商品3位于右上，商品2位于左下，商品4位于右下。）

有问题的则是 CE 较高但 CS 较低的情况，此时必须尽快对商品及服务进行改进。相反，当 CE 较低而 CS 较高时，需要看一看是不是提供了质量过高的商品与服务。不过，在市场已经非常成熟的现在，即便对 CE 进行了应答，也无法保证顾客就一定会购买。因此，我们要努力思考：现在，顾客真正想要的是什么？

CS/CE 的值不能过高也不能过低

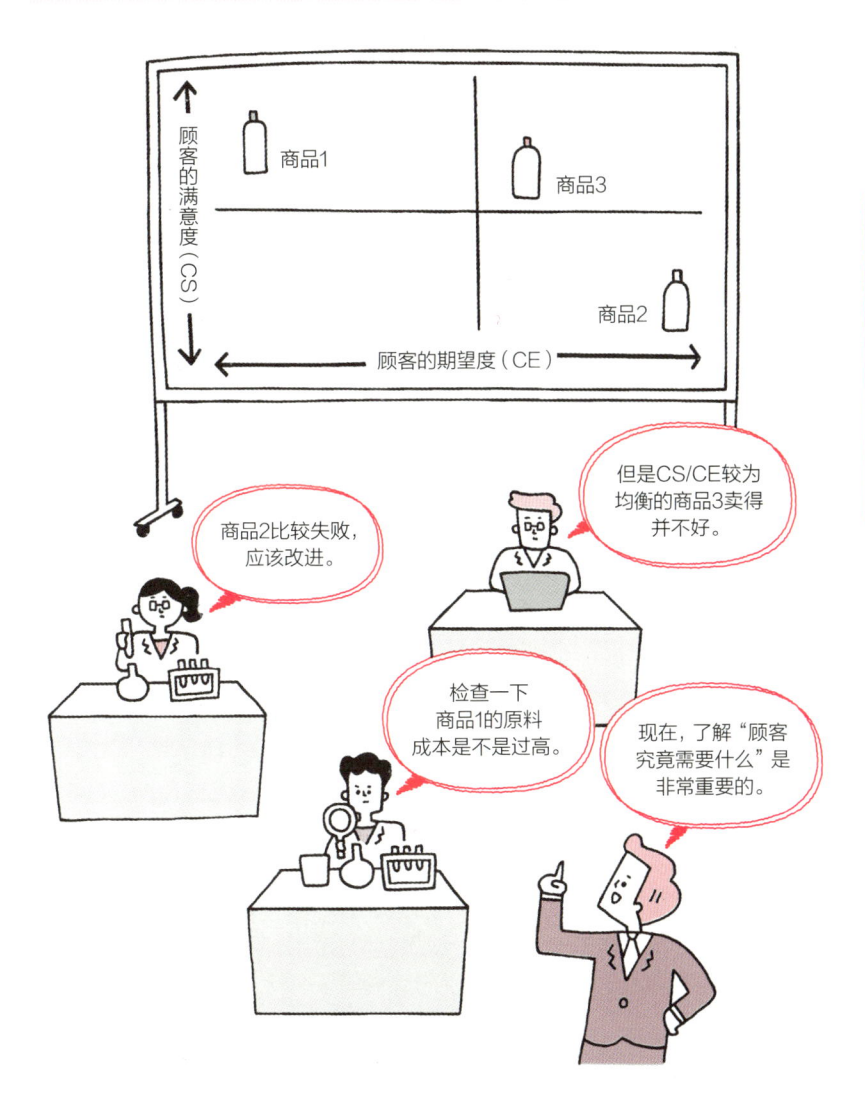

纵轴：顾客的满意度（CS）
横轴：顾客的期望度（CE）

- 商品1（左上）
- 商品3（右上）
- 商品2（右下）

商品2比较失败，应该改进。

但是CS/CE较为均衡的商品3卖得并不好。

检查一下商品1的原料成本是不是过高。

现在，了解"顾客究竟需要什么"是非常重要的。

第 3 章　探求问题产生的原因

可视化图表 5

折线图

长期变化一目了然的折线图

折线图适合表示在时间序列上变动的数值，能够非常清楚地把握长期趋势的推移，可用于表示内阁支持率、商品的市场占有率的变化趋势。例如，对手机制造企业的市场占有率进行比较等需要使用多条折线时，可以用不同的颜色对折线进行区分，让图看上去更加易懂。如果是黑白图，可以在实线之外使用点线，或者变化线的粗细。也可以同时采用不同的颜色与不同类型的线。有时与柱形图同时使用，效果会更好。

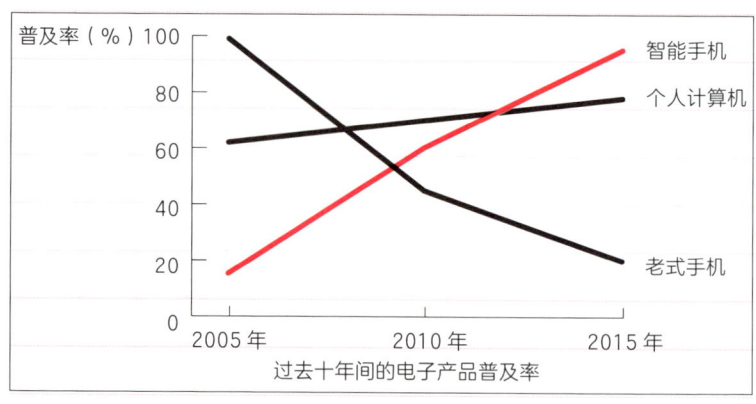

过去十年间的电子产品普及率

折线图的示例

示例的折线图展示了按时间推移的电子产品普及率。另外，还可以依此对未来的走势进行预测。

可视化图表 6

雷达图

适用于对多个项目进行比较的正多边形图

从中心向各个项目呈放射状延伸并将相邻项用线连接的图就是雷达图，用于针对性能及数量的比较。如果项目数为五，就是正五边形，项目数为六，就是正六边形。各个项目分布在正多边形上，所以很容易对数值的大小进行比较，这是这种图的一大优点。在对多个因素的均衡度进行检验时，这种图可以给我们提供很大帮助。在配置项目时，如果把属性相近的项目放在相邻的位置上，会更容易看懂。考试成绩就是一个很好的例子，将文理考试科目分开配置，图的效果会更好。

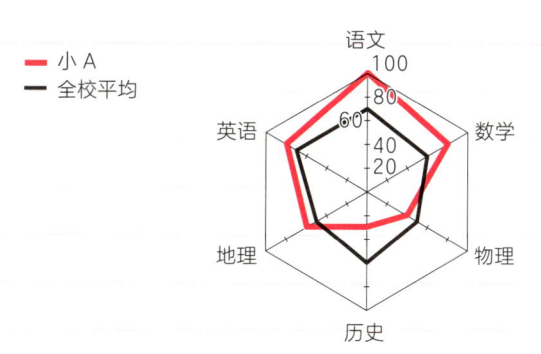

全校平均分与小 A 分数的比较

雷达图的示例

从示例的雷达图中，可以看出所有考试科目的分数均可与全校平均分进行比较。

专栏 3

自上而下还是自下而上

从大（位置更高的）问题入手，逐渐向着小（位置较低的）问题的方向挖掘就是"逻辑树"式的自上而下的解决问题方式。

这种方法大致是这样操作的。如果课题是"提高拉面店的销售额"，就应该把来店人数与客单价分开，再把来店人数分为新客人与回头客。优点是可以更全面地讨论问题，但是有纸上谈兵及落于俗套的危险。

与此相对，还有自下而上的思考方式，被称为"金字塔结构"。采用积分卡、设立服务日、在火车站发传单等，将可以想到的方案逐一列出，并将其总结为层级更高的措施。这样虽然更易于新点子的产生，但无法保证这些新点子里有可以解决问题的根本办法。

究竟该使用哪个点子，应根据具体情况而定。为了能够应对涉及领域宽泛的各种问题，应把两种方法都熟练掌握。

第 4 章

培养思考能力

可能有的人会说:"我不能立即想出解决问题的办法……"
实际上,只要掌握了技巧,任何人都能做到。

导语
学会思考解决方案

解决问题办法是关键

即便事无巨细地对导致问题的原因进行分析,但如果最终拿不出一个能够解决问题的办法来就没有任何意思。本章将对思考解决办法的相关理论进行介绍。无论是多难的问题,只要办法好,就能立即解决问题。现实当中,连续亏损的企业,只要找到合适的办法,也能扭亏为盈。甚至可以说,想出办法就是解决问题的全部。

关于思考的原理与机制,自古以来一直有人在进行探索。采用他们的方法,基本上任何人都能在一定程度上想出需要的办法。另外,即便不懂思考的原理,但依靠直觉与灵光一现有时也能达到目的。

本章将介绍一些技巧来提高想办法解决问题的思考能力。主要构成如下。

1 百花齐放

几个人聚到一起进行具有建设性的讨论,新的想法可能就在此孕育而生。这里将对此方法及其要点进行介绍。

2 拓展思维

介绍将想法可视化的方法。通过解放大脑的思考,可以获得过去没有想到的一些新点子。

3 细化问题，方便思考

在没有任何前提的情况下空想办法是非常低效的。如何才能做到高效地想办法？答案就是将问题细化。

4 给出大致的答案

根据问题的不同，有时未必需要给出完全准确的答案。此时，"大致"即可。能给出答案，这本身就是非常有意义的。

5 从新的视角思考问题

介绍如何通过多种视角来开拓思维。这些方法对那些想不出办法、不擅长思考的人尤为有益。

想办法时，环境氛围很关键

寻找方案时，不能忽视思考时所处的环境。有的人喜欢把自己关起来冥思苦想，有的人喜欢去那些并不安静的咖啡馆。可以轻松发表见解的氛围也很重要。如果是提出的想法会被轻易否定的消极氛围，新的想法就很难产生。试着提出自己的想法，之后大家首先会予以赞许，只有在这种积极向上的氛围中，好的想法才能不断涌现。努力培养可以孕育新想法的氛围是非常重要的。

关键词 → ☑ 头脑风暴法

01 百花齐放

头脑风暴法是开会时惯用的方法，在让小组成员提出想法时使用。

头脑风暴法在需要集思广益时能够为我们提供帮助。通常的做法是，5~10 名分工不同、行事风格不同的成员集中在一起，在有助于表达的轻松氛围里进行。主持者应为可调节气氛、让参加者能够畅所欲言的人，成员里还应该有思维敏捷、能积极提出自己意见的人。要想取得成功，遵守讨论的规则及保持良好的氛围是非常重要的。

采用头脑风暴法的讨论会

头脑风暴法的原则①
先不对一个想法进行评价。

大家都很喜欢的沙拉酱啤酒怎么样？

非常好的想法啊！

请大家给新产品出谋划策。

小C的想法不太现实。

不能批评别人的想法。

头脑风暴法的原则②
欢迎各种与主题有关的自由想法。

头脑风暴法有四个原则：①为了制造利于大家发言的轻松氛围，应该先不对一个想法进行评价；②欢迎各种与主题有关且大胆的想法；③数量重于质量。只要想法足够多，其中一定会有令人眼前一亮的想法；④要重视想法的融合与改进，共同努力拓展思路。一定要在这些原则下，稳步推进会议进程。

可以做以西红柿、芹菜、菠菜为原料的新啤酒。

可以做护肤啤酒、能吃的啤酒。

头脑风暴法的原则③
与质量相比，应该更重视想法的数量，即便是不成熟的点子也是多多益善。

那样说的话，是不是也可以有加入小零食的啤酒呢？

加点水煮毛豆的啤酒怎么样？

头脑风暴法的原则④
与原创性相比，应更加重视想法与想法的组合。

我们公司的会议气氛好活跃啊！

关键词 ➡ ☑ 思维导图

02 拓展思维

思维导图就是将头脑中的想法可视化，结合图表拓展思维。

思维导图是基于"放射性思考"的一种工具，可以解放大脑的思维。根据位于中心的主题，将想到的关键词及各种意象呈放射状连接，以此拓展思维。思维导图的原理与人记忆的机制十分相似。要最大限度地利用这种原理，更快地对信息进行整理、理解、记忆，锻炼思考能力。

以放射状的形式拓展思维

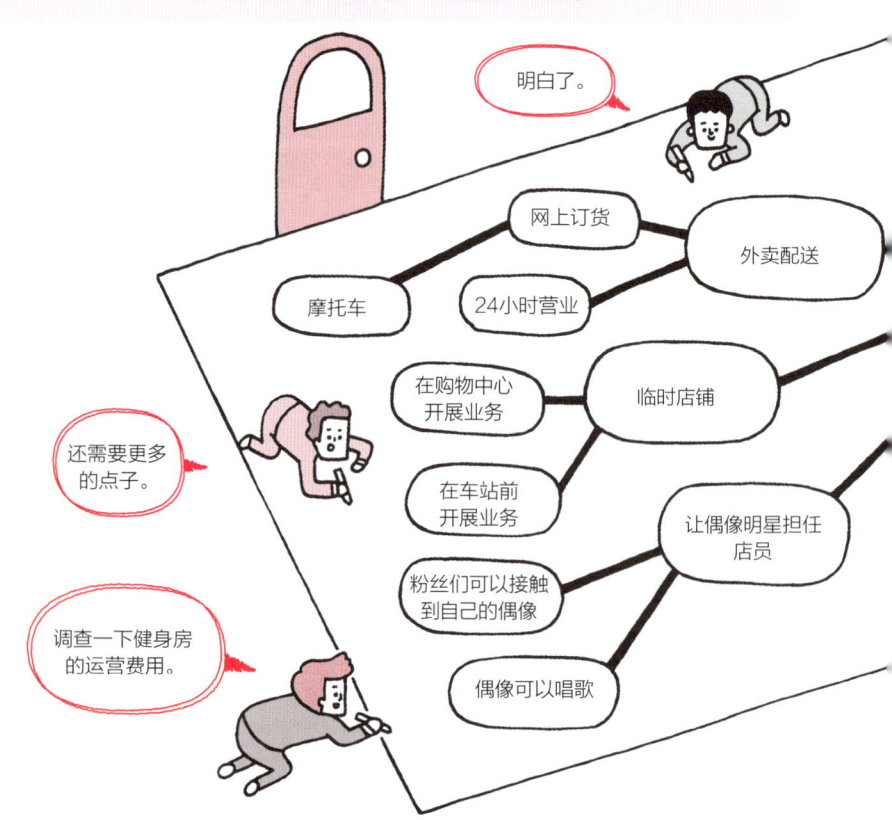

明白了。

网上订货

外卖配送

摩托车

24小时营业

在购物中心开展业务

临时店铺

还需要更多的点子。

在车站前开展业务

让偶像明星担任店员

粉丝们可以接触到自己的偶像

调查一下健身房的运营费用。

偶像可以唱歌

思维导图的制作程序如下。①在纸的中间用大字写下主题。②呈放射状写下与主题有关的小标题。③写下与小标题有关的关键词及内容。④用插图及照片对小标题进行说明。⑤把看起来可以归为一组的内容用云状线圈起来。这样，就能俯瞰所有内容，各部分与主题的关系也一目了然，还有助于我们整理思路。

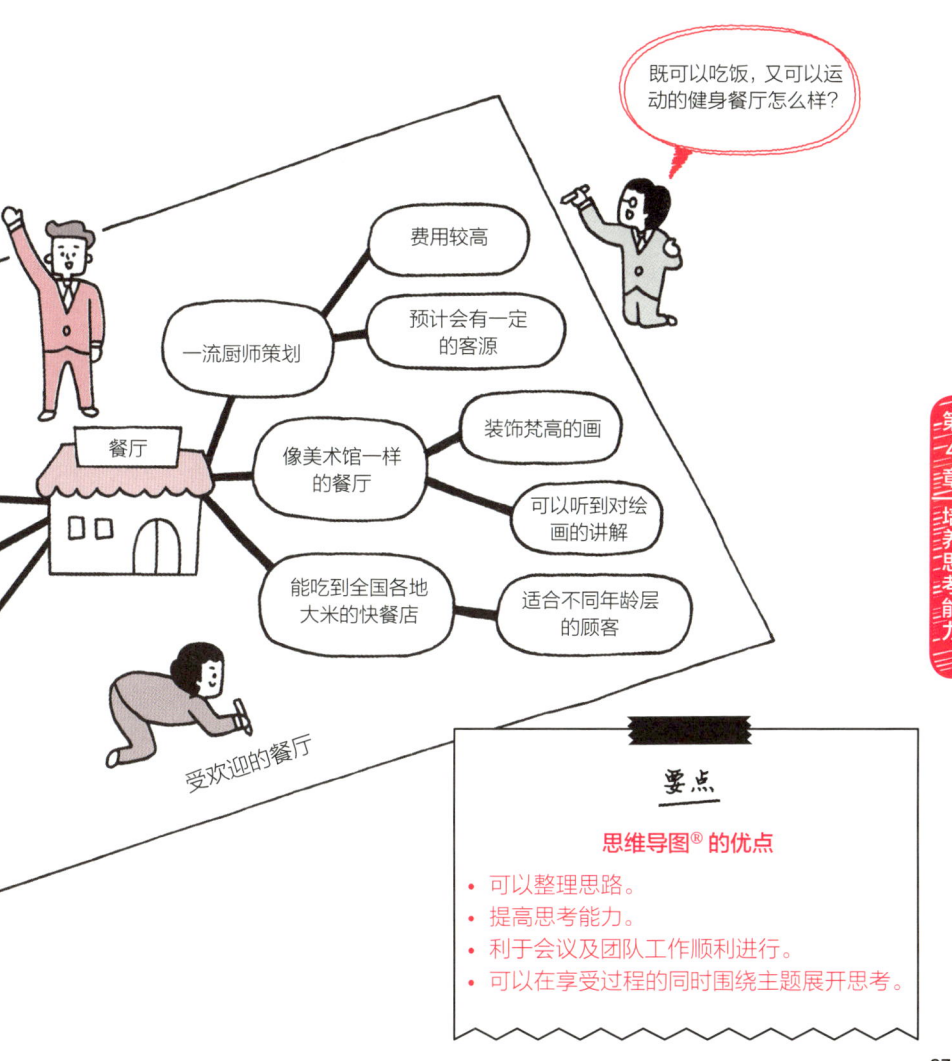

既可以吃饭，又可以运动的健身餐厅怎么样？

餐厅

一流厨师策划
- 费用较高
- 预计会有一定的客源

像美术馆一样的餐厅
- 装饰梵高的画
- 可以听到对绘画的讲解

能吃到全国各地大米的快餐店
- 适合不同年龄层的顾客

受欢迎的餐厅

第4章 培养思考能力

要点

思维导图® 的优点

- 可以整理思路。
- 提高思考能力。
- 利于会议及团队工作顺利进行。
- 可以在享受过程的同时围绕主题展开思考。

关键词 ➡ ☑ 举一反三

03 细化问题，方便思考

思考办法时，不要笼统地想问题，应该先分出几个不同的切入点，这样效果会更好。

面对较大的问题时，拿出全新的办法是很困难的。另外，与其笼统地想问题，不如将讨论范围定得窄一些，这样会更容易想出办法。总想拿出全新的办法并非明智之举，那样不仅效率低，而且也不现实。应该细分出多个切入点，对既有的办法稍加修改、调整也能使其成为比较特别的办法。这就是通过举一反三来寻求解决问题的思考方式。

在细化问题的基础上思考解决方法

您给策划一下。

新型钟表设计大赛

有点难。

不行。想不出好办法。

将问题细化后再想解决办法。

啊，点子侠。

假设讨论的主题是"可以开发出什么样的钟表新产品"。首先，可将问题大致分为"物""性质""性能"等几大属性，思考这个问题应该被归为哪个属性。将思考的切入点细分为材料、设计、性能几个方面，以方便思考。然后从不同的角度思考是否有需要改进的地方、是否有需要添加的地方，并拿出具体的办法。

```
高亮度LED              灯光显示
(发光二极管)灯    骨架    时间
     │           │       │
    材料         设计     性能
     │           │       │
     物         性质     功能
     └───────── 🕐 ──────┘
           新出品的钟表
```

可以这样思考

新产品就是这个用高亮度灯光显示时间的钟表了。

要是再有想不出办法的时候，记得找我啊！

第4章 培养思考能力

99

关键词 ➡ ☑ 费米估算

04 给出大致的答案

费米估算是对无法确定的数值以及很难通过调查来准确知晓的数值,根据逻辑进行估算的一种思维方法。

费米估算就是针对很难得到答案的问题,通过估算来给出一个答案。例如,如果有人问全日本有多少个邮筒,那么只能回答大概有多少。重要的是寻找答案时的思维方式。对应该进行估算的内容,要思考存在什么样的条件,将数值暂且放在这个条件下,根据逻辑来探索答案。

根据逻辑估算答案

日本有多少个邮筒?

根本想不出其他办法,是不是用一下费米估算?

$378000 千米^2 \times \frac{2}{3} = 252000 千米^2$

$252000 千米^2 \div 2 千米^2/个 =$

日本有人居住地区的面积占日本国土面积的三分之二……

假设 $2 千米^2$ 内有一个邮筒。

126000个。

有点可惜!181523个(2016年年末)。

但是费米估算的过程很好。

例如，我们可以思考一下"要实现财政盈余，每个纳税人需要纳多少税"这个问题。先简单梳理一下大致的信息，日本的人口约有 1.3 亿人，假设纳税人数量占 80%，单年度的财政支出为 100 万亿日元。100 万亿日元除以 1.04 亿人纳税人数，得到估算数值 96 万日元。这种费米估算的思考方式，<u>可以在进行判断及考量工作计划、工作方向时为我们提供帮助。</u>

财政盈余所需的纳税额

日本的人口
1.3 亿人 × 80%=1.04 亿人

单年度财政支出
100 万亿日元 ÷ 1.04 亿人 =96 万日元/人

我们是非纳税人，纳税人数量约占日本总人口数的80%。

单年度财政支出约为100万亿日元

关键词 → ✓ 奥斯本检核表

05 从新的视角思考问题

通过九个检核项目，可以消除常识及先入为主的影响，着眼于新的视角来想出办法。

提出头脑风暴法的亚历克斯·F. 奥斯本还创造了奥斯本检核表。可以在想不出办法的时候，使用这种检核表，从多个视角观察问题并强制性地想出办法。将九个切入点套用在一个主题上，就能发现意想不到的办法。下面就是可帮助我们找到新办法的检核表。

从不同的视角思考问题

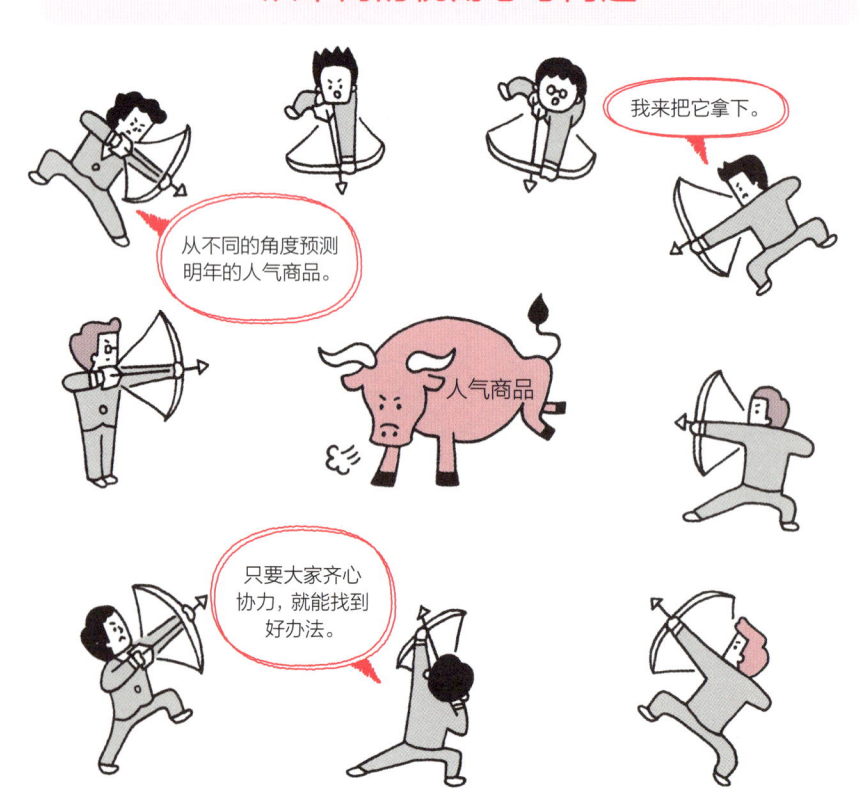

我来把它拿下。

从不同的角度预测明年的人气商品。

人气商品

只要大家齐心协力，就能找到好办法。

①转用：是否有其他的可用之处？②应用：是否可以直接借鉴其他办法？③改变：是否可以做出改变？④做加法：是否可以试着加上些什么？⑤做减法：是否可以试着减去些什么？⑥代替：是否可以用其他东西代替？⑦替换：是否可以用别的办法进行替换？⑧逆向：是否可以反向操作？⑨结合：是否可以将不同的办法组合在一起？将这些事项作为思考的切入点，可以更加高效地想出办法。

九个检核项目

我的想法最好。

特征：转用
寻找其他用途。
例：以便宜的价格提供切好的肉。

饭馆的新菜单

特征：应用
直接应用其他办法。
例：像"拉面二郎"那样换成大碗。

特征：结合
尝试把不同的办法组合起来。
例：牛肉加炸猪排盖饭。

特征：改变
改变意象及设计。
例：绿色的咖喱饭。

特征：替换
尝试用其他办法替换。
例：用豆腐替换米饭作为主食。

特征：做加法
尝试加大、增加。
例：在味噌汤里加入金粉。

不会输给你们。

特征：做减法
变小、去除。
例：只加盐来调味的肉类菜肴。

特征：逆向
尝试逆向操作。
例：咖喱占90%、米饭占10%的咖喱饭。

特征：代替
用其他东西代替。
例：用便利店便当制作的饭菜。

第4章 培养思考能力

关键词 ➡ ☑ ECRS 分析法

06 思考如何提高工作效率

ECRS分析法是从四个视角思考如何改进业务的一种方法，主要用于锁定真正需要做的工作。

ECRS 由 Eliminate（排除）、Combine（结合）、Rearrange/Replace（替换）、Simplify（简单化）这四个英文单词的首个字母组成。说到改进业务，很容易向消除浪费、压缩成本的方向努力。但是改进的办法绝不止这些。ECRS 分析法不执着于某一个办法，而是从四个视角出发，思考最适合的改进方案。

提高效率的四个视角

排除（Eliminate）

明天、后天也要开会。

会议太多，真想取消。

结合（Combine）

你俩分分工，把这个文件写了。

这个工作不需要两个人做。

一个人干两个人的工作。

①排除：是否能去除？——重新审视工作的目的，想一想是否一定需要这个工作。②结合：是否能组合到一起？——通过对工作进行整合，看一看是否能将工作时间缩短。③替换：是否可以替换？——替换工作是否可以提高效率？④简单化：是否可以更简单一些？——看一看通过省略及减轻负担等方法是否能得到相同的结果。<u>通过这四步对整体工作重新定位，把注意力集中到真正需要做的工作上。</u>

关键词 ➡ ☑ NM法

07 从相似处寻找启示

NM法是利用类比，将一个原理用于其他方面，从而获得独特想法的一种方法。

日式涮火锅据说是一个叫仲居的人在用热水洗抹布时受抹布在水中的形态启发而发明的。也就是说，只要改变一下思路，抹布与锅这两个看起来没有什么关系的东西也能被联系起来。类比就是将一种原理转用到其他方面的思维方式。中山正和将类比思考变成了一种体系化的方法，人们取中山正和的姓与名的罗马音首个字母，把这种方法称为 NM 法。

将一种原理转用于其他方面

有办法了！

很多人会因无法把所有照片都放进相册而苦恼。

就是它了！

我想听听广播。

办法成功地发挥了作用。

涮火锅真好吃！

将相册上的固定钉拔掉，又添加了几页。

太好了，太好了！

日式涮火锅是仲居在热水中洗抹布时获得灵感后发明的。

可增加页数的相册，灵感来自收音机上可伸缩的天线。

例如，需要思考的主题是"对新餐厅进行设计"。将餐厅的关键词定为"吃""休闲""交谈"。如果目的是"休闲"，那么"家庭""公园"就可以成为类比对象，"家庭"是"熟悉且温馨的地方"，可以放松身心就成为一条需要遵循的原理。将此原理应用于原来的主题并落实在具体的想法之中。

运用类比时的具体做法

设定主题：新餐厅

想要一家什么样的餐厅？

首先，对关键词进行细分。

新→新开业的餐厅
→吃、休闲、交谈

列举符合关键词的事物

大概是这样的。

新开业→最新的技术
吃→肉类、蔬菜、鱼
休闲→独处的空间
交谈→闲聊、酒

落实到主题

可以通过VR眼镜体验原始社会的生活并品尝捕获到的猎物。

开始吃肉了！

第 4 章 培养思考能力

107

关键词 ➡ ☑ 矩阵法

08 将不同的视角组合在一起

将两种视角结合起来思考问题,想出异于平常的办法,这就是矩阵法。

矩阵法的第一步是从讨论的主题中选出一项功能及一项价值。例如,如果主题为书店,可以把"商品种类"与"交通"作为两条轴。用商品种类"多—少"与交通"便利—不便利"这两条轴构成矩阵,形成四个区域,可以分别就各个区域来想办法。从已有的区域强制性地向讨论区域移动。从不同的组合中,可以找出全新的想法。

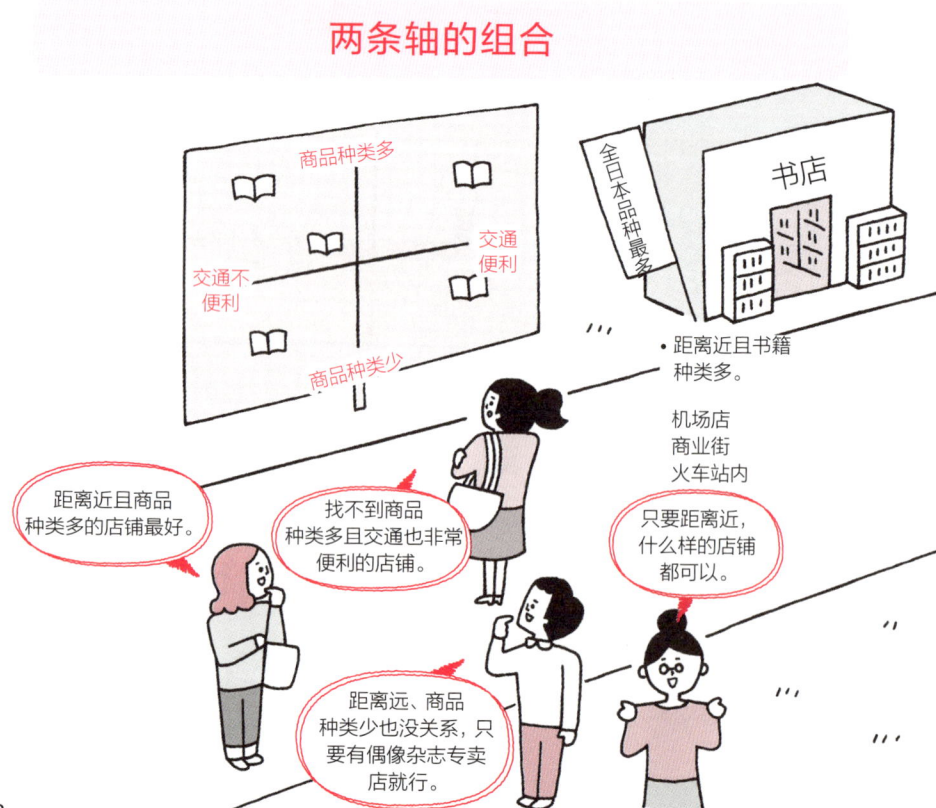

两条轴的组合

商品种类多
交通不便利
交通便利
商品种类少

全日本品种最多
书店

- 距离近且书籍种类多。

机场店
商业街
火车站内

距离近且商品种类多的店铺最好。

找不到商品种类多且交通也非常便利的店铺。

只要距离近,什么样的店铺都可以。

距离远、商品种类少也没关系,只要有偶像杂志专卖店就行。

108

是否能找到全新的办法，取决于矩阵中轴的组合，只能通过不断试错来最终确定。如果没能找到合适的办法，可以在头脑风暴法之后挑出比较新颖、独特的想法，从这些想法中找出两个共通的特征，然后以此来设定轴。另外，也可以将内容细化，然后将其全部两两搭配一遍，做出一张总表，在表上去掉已有的想法，寻找还没有人提出过的想法，这样效果也不错。

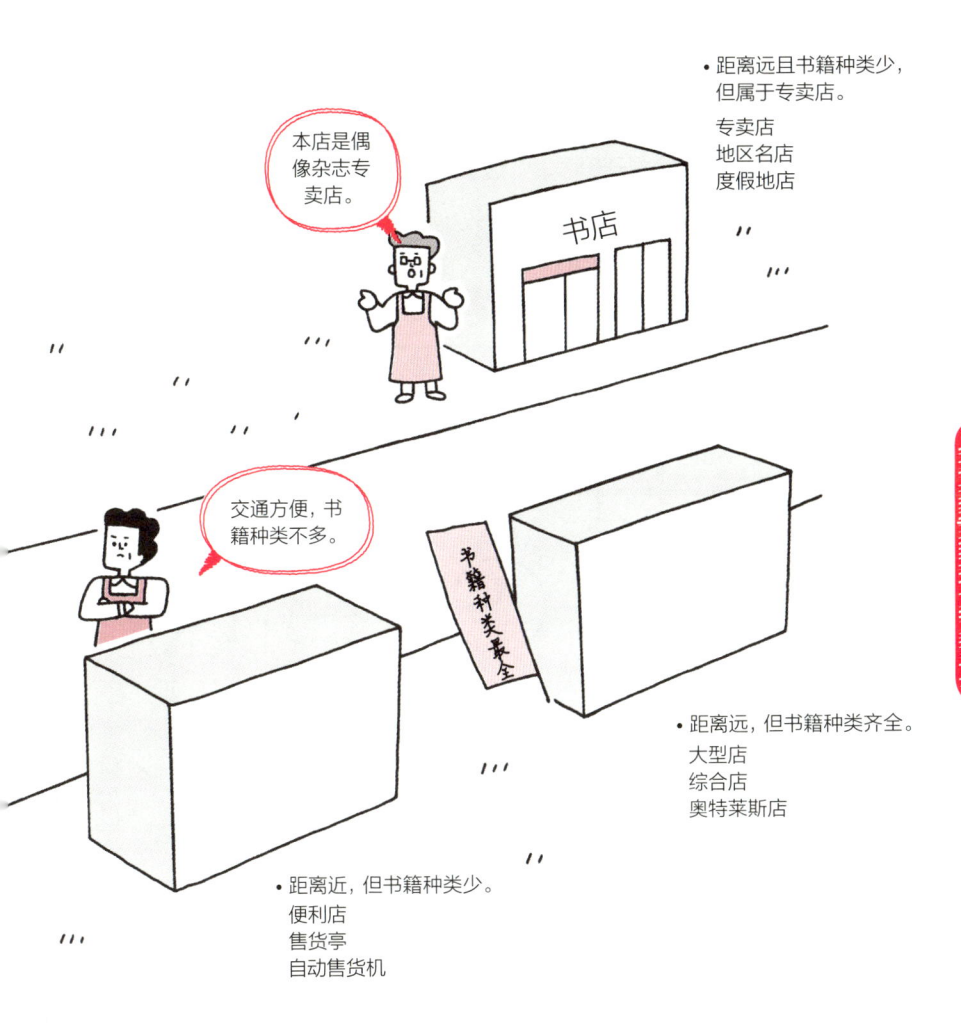

- 距离远且书籍种类少，但属于专卖店。

专卖店
地区名店
度假地店

本店是偶像杂志专卖店。

书店

交通方便，书籍种类不多。

书籍种类最全

- 距离远，但书籍种类齐全。

大型店
综合店
奥特莱斯店

- 距离近，但书籍种类少。

便利店
售货亭
自动售货机

第4章 培养思考能力

关键词 ➡ ☑ 结合式思维

09 将不同的因素组合起来

办法其实就是现有因素的组合。将看上去没有什么联系的因素组合到一起，会产生全新的办法。

结合式思维的关键就是如何进行组合。首先我们假设主题为"智能手机新应用"。可以将人、时间、地点、对象设定为思考的切入点，之后给每个切入点列出五个左右的选项（如果切入点是人，就可以是孩子、教师、警察、艺术家、情侣等）并就此展开思考。对这些选项进行组合，思考新的可能性。例如，"情侣＋入睡前＋京都＋呼喊"。

改变因素的组合

我要开发智能手机新应用。

思考人、时间、地点等因素。

将不同因素组合起来进行开发。

然后，思考如何将这些可能性应用到"智能手机新应用"这一主题上。例如，如果选择了特定的条件（因素：京都、入睡前），可以让应用显示恋人的话语（因素：情侣、呼喊）。<u>越是出乎意料的组合，越有可能产生不同寻常的想法</u>。通过组合发现新的想法，具有突破固有思维模式的力量。

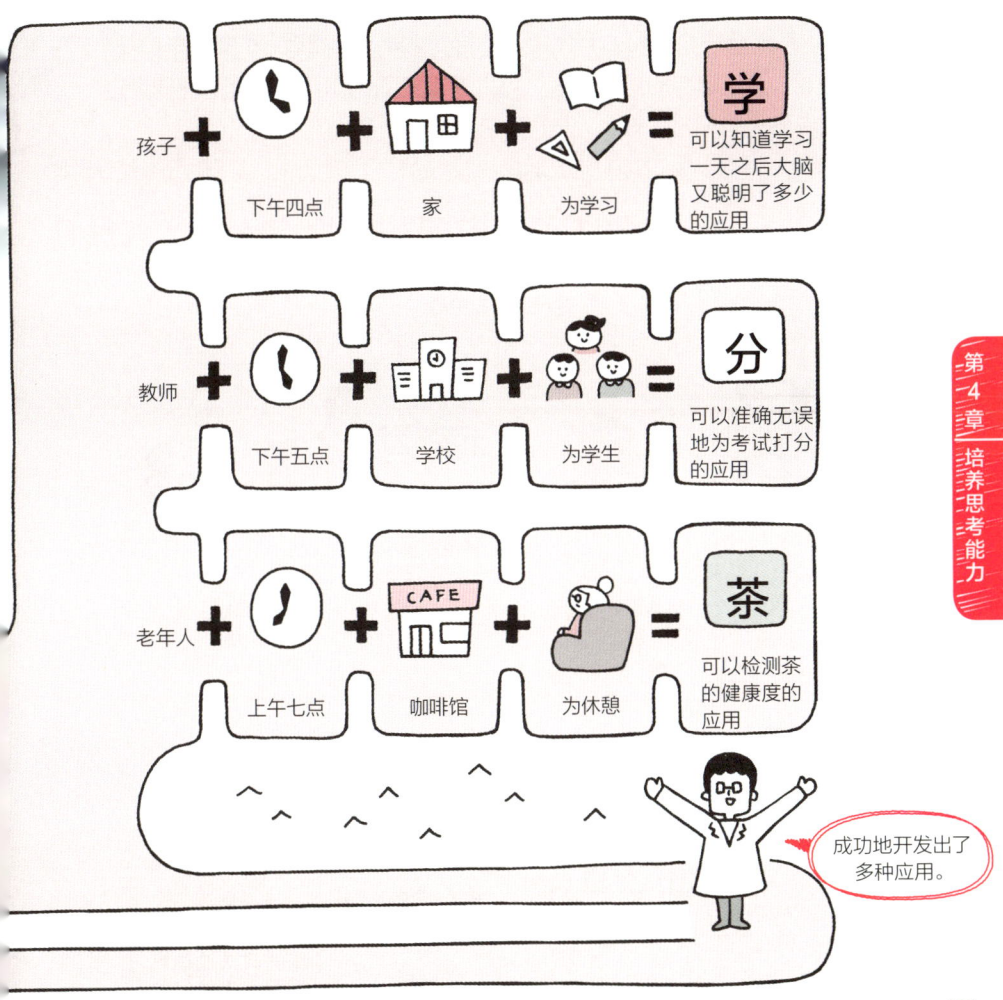

孩子 + 下午四点 + 家 + 为学习 = 学 可以知道学习一天之后大脑又聪明了多少的应用

教师 + 下午五点 + 学校 + 为学生 = 分 可以准确无误地为考试打分的应用

老年人 + 上午七点 + 咖啡馆 + 为休憩 = 茶 可以检测茶的健康度的应用

成功地开发出了多种应用。

第4章 培养思考能力

关键词 → ☑ 逆向设定法

10 排除固有概念

逆向设定法就是有意识地从与常识相反的角度看问题来发现新想法的方法。

例如，在思考建立新的购物中心时，我们可以先把固有观念及先入为主的习惯放到一边，诸如购物场所、可以用餐、可以乘车前往、店铺很多等。然后，可以把购物中心设定为有悖常识的样子，即不能吃饭、不能乘车前往、店铺很少等。通过这样的具体思考，可以发现全新的想法。这就是逆向设定法的实践案例。

找出那些不证自明的前提

建设新购物中心

通常：购物
→逆向设定：不购物

只挑选想要的商品，然后在网上下单。

通常：可以用餐
→逆向设定：不能用餐

在餐厅购买，然后到外边吃。

通常：驾车前往
→逆向设定：无停车场

地处车站前。

通常：有很多店铺
→逆向设定：店铺很少

变成只关注体育等某一主题的购物中心。

人都有所谓"不证自明的前提",这种前提被视为理所当然的、毋庸置疑的常识,因此经常会束缚人的思维。"绝对没错""理应这样""应该这样""一定是这样""必须这样",这些表达方式其实都是我们自己片面的主观想法而已。去想一想"是否真的不这样就不行",往往能发现意想不到的点子。

颠覆常识去思考办法

颠覆常识

文化 → 与摇滚融合

颠覆常识

经验(商务区里适合开餐厅。) → 在没有写字楼的地方开店(首次在非洲开店。)

颠覆常识

社会常识(科长,敬您一杯。/好。) → 上司与下属地位反转的居酒屋(你一直都很努力,辛苦了。/今后也请您多关照。)

第4章 培养思考能力

关键词 ➡ ☑ 原型开发

11 尝试把假说具体化

把想法、概念变得更加扎实的方法之一就是进行原型开发，在实践当中具体化。

原型开发并不是就一个想法进行第三方评价的样本。其目的是了解从一个想法中可以得到什么样的体验以及把一个想法付诸实践并尽快获得反馈。也就是说，是为了思考而进行的试验。这意味着不仅要将一个想法具体化，还要知道将想法付诸实践后顾客会有何种体验。针对体验进行原型开发是非常重要的。

与其烦恼困惑，不如勇于尝试

- 我已经有了关于新一代香烟的想法。
- 是不是去听一下大家的感想。
- 会受欢迎吗？
- 这个怎么样？
- COICOS啊
- 不需要打火机。不需要烟弹。 COICOS
- 跟以往的香烟完全不同。
- 根据大家的感想，重新思考一下。
- 真是个好点子。
- 有点想吸一下。
- 好像有点意思。
- 不需要打火机了。

只要是有具体架构，就可以在短时间内使用纸张、黏土等材料来制作可以触碰的模型。继续细化模型，就能得到室内及街区的场景。不过，完全没有必要花费很大精力去制作精细的模型。在原型开发中，重要的是速度而非精细程度。目的在于对一个想法进行讨论，所以应尽可能快地将其具体化。在这个过程中能够发现一些不良状况及疑问。

试验品的制作速度比完成度重要

我要对设计提出增加安全性的要求。

我们最早完成了大楼的外观模型。

A公司

能不能设计得更稳定一些？

一定要精心制作大楼的模型。

A公司的计划已经走在我们前面了，必须加快速度。

B公司

C公司

第 4 章 培养思考能力

关键词 ➡ ☑ 华莱士四阶段

12 系统化地思考办法

华莱士四阶段是创造性思考办法时的思考程序。

要想出办法并不容易。需要在平时多做准备，收集、整理可产生思想火花的素材。然后，把想到的点子不断地积累起来。而且，还要对想出来的点子进行验证及打磨。系统化地实践美国心理学家华莱士提出的"华莱士四阶段"，就能形成一套思考办法的机制。

如何能想出办法

找到主题。
餐厅
客人太少，必须得想办法。
信息量 100 / 0

现在流行这种餐厅吗？
书店
通过杂志、电视、网络来获取信息以了解当前的流行趋势。
信息量 100 / 0

欢迎光临。
女仆·猫·餐厅
融合了多种人气主题，结果极受欢迎。
将想法付诸实践进行验证。

只靠女仆咖啡馆、猫咖啡馆是不行的。
利用积累的信息思考办法并进行打磨。
信息量 100 / 0

116

①准备阶段：进行精神上的准备及物理上的准备，想象办法的出现。②酝酿阶段：对在准备阶段获得的材料进行整理，等待办法从无意识的思维活动中产生。③办法的产生与拓展：当办法产生后，要在此基础上继续孕育其他办法。④具体化与验证：对想到的办法进行深入思考，验证其现实性及有效性。这样就能更高效地想出办法。

将华莱士四阶段理论用于实践

具体化与验证
- 对现实性及有效性进行验证。

通过市场调查来验证这个办法是否可行。

如果这是一个办法的话，可能那样也行。

办法的产生与拓展
- 通过联想来增加办法的数量。

根据现在的流行趋势判断，未来肯定会是这样。

统一思想，集中精力想办法。

酝酿阶段
- 信息的整理。
- 无意识的思维活动。

打起精神，继续努力。

收集信息，孕育思想的种子。

准备阶段
- 精神上的准备。
- 物理上的准备。

第4章 培养思考能力

可视化图表 7

气泡图

以纵轴 + 横轴 + 气泡的形式显示三个事项的关系

同时参照纵轴与横轴所表示的事项，在数据应在的位置上标注圆点的图表是散点图。通过这种图，我们可以很方便地知晓事项之间的相关关系，而气泡图则具有更多的优点。除了纵轴与横轴，气泡的大小也可以表示事项的规模。也就是说，三组数据可以同时出现于一个图上。有一种方法是以分配经营资源为目的的产品组合管理（PPM）。在进行 PPM 时，气泡图也能发挥作用。用纵轴表示市场成长率、横轴表示市场占有率，用分布于图中的大小气泡表示产品与服务，之后基于这些数据进行分析。

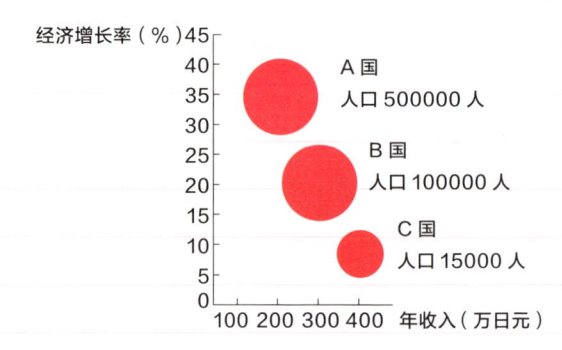

经济增长率（%）

- A 国 人口 500000 人
- B 国 人口 100000 人
- C 国 人口 15000 人

横轴：年收入（万日元）100 200 300 400

气泡图的示例

从示例的气泡图中，可以同时知晓年收入、经济增长率、总人口这三个事项，还可以对不同的国家进行比较。

可视化图表 8

面积图

时间序列上用面积来表示变化的图

　　面积图是衍生自条形图的一种图。可以用横轴与折线构成的面积来表示数量的变化。面积图适用于对两个及两个以上的数据进行比较，与条形图一样，一般都在纵轴上设定数值，在横轴上按时间序列表示变化。例如，对每月的营业额与成本进行比较时，或者对商业设施的顾客数与顾客类型进行比较时，可以使用这种图。如果使用各个因素之和为全面积图，还可以看到各个类别的变化。但是，这个方法只能表示占比，无法把握总量的变化。

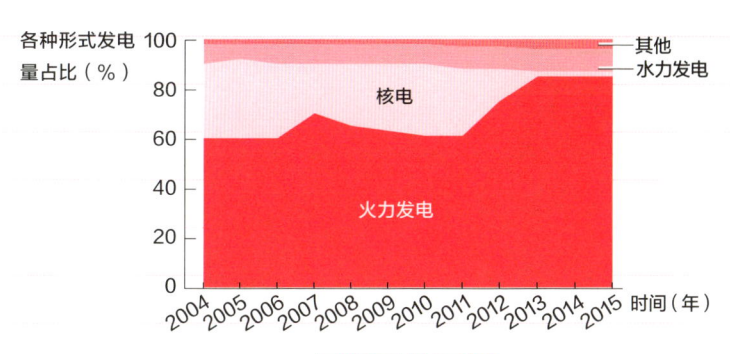

面积图的示例

　　从示例的面积图，可以看出水力发电与其他形式发电的折线一直都趋于平直，但能看到 2011 年以后火力发电与核电有明显的变化。

专栏 4

松懈也有助于提高效率

可能很多企业都在思考"如何才能提高效率"。

为了让员工集中精力工作,很多公司会规定工作时间禁止上网,但这样做却往往会适得其反。

澳大利亚墨尔本大学的布兰特·科卡博士的实验表明,一边浏览网页一边工作的人与只专心工作的人相比,工作效率要高出 9%。其原因是,浏览网页可以让疲劳的大脑得到休息,这样就能恢复精力,所以工作效率自然就会提高。

接受实验者浏览网页的时间占全部工作时间不到 20%,但令人意外的是效率却得到了提高。

如果想提高效率,"稍微松懈一下"也许是非常必要的。

第 5 章

确定解决方案的方法

如果不付诸行动,问题就不可能解决。
想妥善地解决问题,"确定解决方案"
十分重要。

导语
选择最佳的解决方案

选择失误会造成致命打击

据说一个人每天要进行七十次选择。早餐是吃面包还是吃米饭、穿哪套西装去上班、搭配哪条领带等,一个选择接着一个选择。还有入学考试、就业、结婚、买房这些大的选择,也需要我们去面对。

有时候,一个选择可能会对我们的人生造成致命打击。如果仅仅是"今天选择吃米饭而不是面包就好了"这种程度的失误,那真的要算是很幸福。可如果失误是"要是买了楼房而不是独栋住宅就好了",可能就要后悔几十年。解决问题也是如此。不管原因分析得多好,也不管想出了多高明的办法,只要最后的决策出现了失误,那一切都将付之东流。

为了避免出现那样的情况,需要从多种角度重新审视想出来的办法,作出最佳的判断。本章总结了解决问题时如何进行决策的技巧,主要构成如下。

1 对益处与弊端进行总结

任何事物都有好的一面,也有坏的一面。我们想出的办法,也一定存在利弊两个方面,所以我们可以把益处与弊端全部列出,作为我们进行判断的一个根据。

2 ## 从三个视角进行筛选

在对想出的办法进行筛选时使用的方法，从创新性、实用性、可行性这三个视角出发，可以做出精准的决策。

3 ## 将选项的优先顺序可视化

使用矩阵对想出的所有办法进行整理，就能知道应该采用哪个办法。将所有办法置于矩阵中，其优先顺序就可以显现出来。

4 ## 合理地选择最佳选项

在从多个办法中进行合理的选择时，对办法进行评价的视角非常重要。给每个办法打分，从中选出最佳的选项。

做出不会后悔的决定

"如果当时不那样选择就好了……"，像这样的选择失误为什么会发生呢？原因之一在于"决策超时"。百般犹豫之后，已经过去很长时间，最后在情急之下做出决定。只要事先把供选择的选项整理出来，就能避免出现这种超时的问题。

我们可以获知过去以及现在的信息，但对未来的事情却无从知晓。但是，如果事先尽可能地对选项进行整理，在此基础之上进行合理的判断，就能避免涉足危险的领域。这样就能让我们避免做出令人后悔的决定。为了更加美好的未来，我们要不辞辛劳，谨慎而果断地作出判断。

关键词 ➡ ✓ 利弊表

01 对益处与弊端进行总结

将选择的益处与弊端都列表整理。准确把握其利弊关系，这样就能帮助我们做出正确的决策。

任何事物都有好的一面与坏的一面。在必须要做出某种选择时，尽可能地了解各个选项的利与弊，这样就能掌握有助于我们进行判断的材料。这种方法被称为"利弊表"法。利指好的方面、积极的方面，弊指不好的方面、消极的方面。在商务领域，可以将其理解为具体的利益与损失。

对损益进行比较的利弊表

开放股权的利弊是什么？

开放股权的准备工作十分繁重。

利于获得资金。

可增加社会信用度。

维持社会信用度是很不容易的。

开放股权的话，如果遭到收购怎么办？

可提高企业知名度。

利　　弊

我们用开放股权来举例说明。企业将其股权开放后，会方便获得资金，但另一方面，也会伴随被收购的风险。在没有开放股权的时候，可以更加有效地掌控企业的经营管理，但弊端是获得资金上会相对困难。在做决策时，最重要的就是对利弊进行权衡，正确把握由此产生的利益与损失。这就是利弊表成为最基本的决策方法的理由。

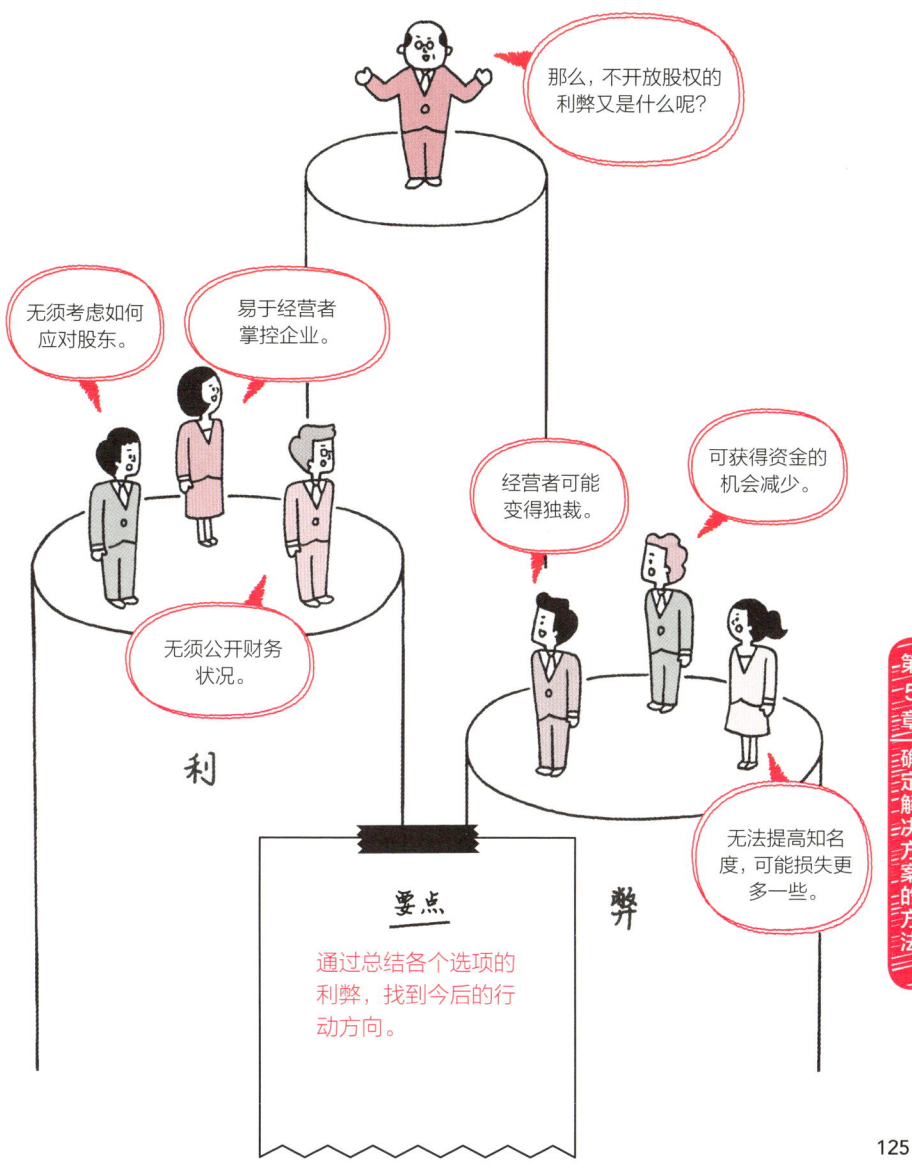

那么，不开放股权的利弊又是什么呢？

无须考虑如何应对股东。

易于经营者掌控企业。

经营者可能变得独裁。

可获得资金的机会减少。

无须公开财务状况。

利

弊

无法提高知名度，可能损失更多一些。

要点

通过总结各个选项的利弊，找到今后的行动方向。

第 5 章 确定解决方案的方法

关键词 ➡ ☑ 多项投票法、NUF 测试法

02 从三个视角进行筛选

要找出合适的办法，进行筛选是一个有效的方法。以创新性、实用性、可行性作为标准，则做出的评价会更为客观。

想出了许多办法，但一时无法确定孰优孰劣，此时可以采取的方法是通过筛选来减少选项。多项投票法可以帮助我们完成筛选。例如，分发给每个人几张投票贴纸（通常要求投票数量不超过总体数量的一半），然后各自把贴纸贴到自己赞同的办法上。按照各个办法获得贴纸数量的多少来确定讨论的优先顺序，这样就可以提高工作效率。

用贴纸的数量对办法进行评价

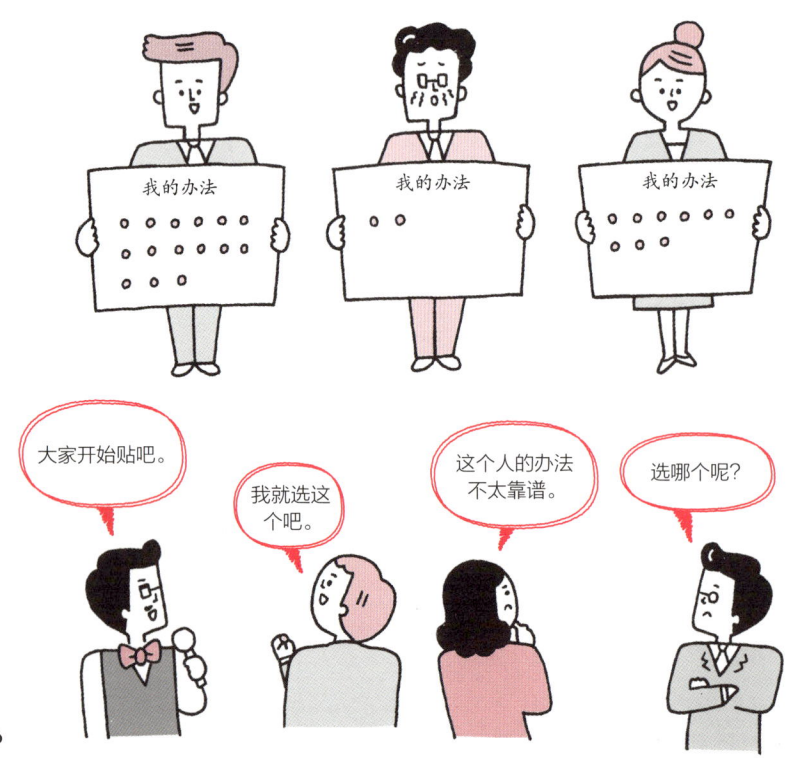

"大家开始贴吧。"

"我就选这个吧。"

"这个人的办法不太靠谱。"

"选哪个呢？"

进行多项投票时，在给出评价的同时还对评价标准加以区分，例如：NUF 测试法。"N"是指创新性（New），"U"是指实用性（Useful），"F"是指可行性（Feasible）。从这三个角度进行观察，就能帮助我们了解投票者给出相应评价的理由。不过，以什么标准来判断是否具有创新性，诸如此类的问题还是会受到投票者主观意识的左右。所以还是应该明白 NUF 测试这种方法只适用于筛选。

通过 NUF 测试进一步筛选

可能不具有可行性……

我的办法

请开始贴NUF贴纸。

N 创新性（New） Ⓝ
U 实用性（Useful） Ⓤ
F 可行性（Feasible） Ⓕ

虽然我觉得是一个有新意且很实用的办法……

是不是不太可行啊？

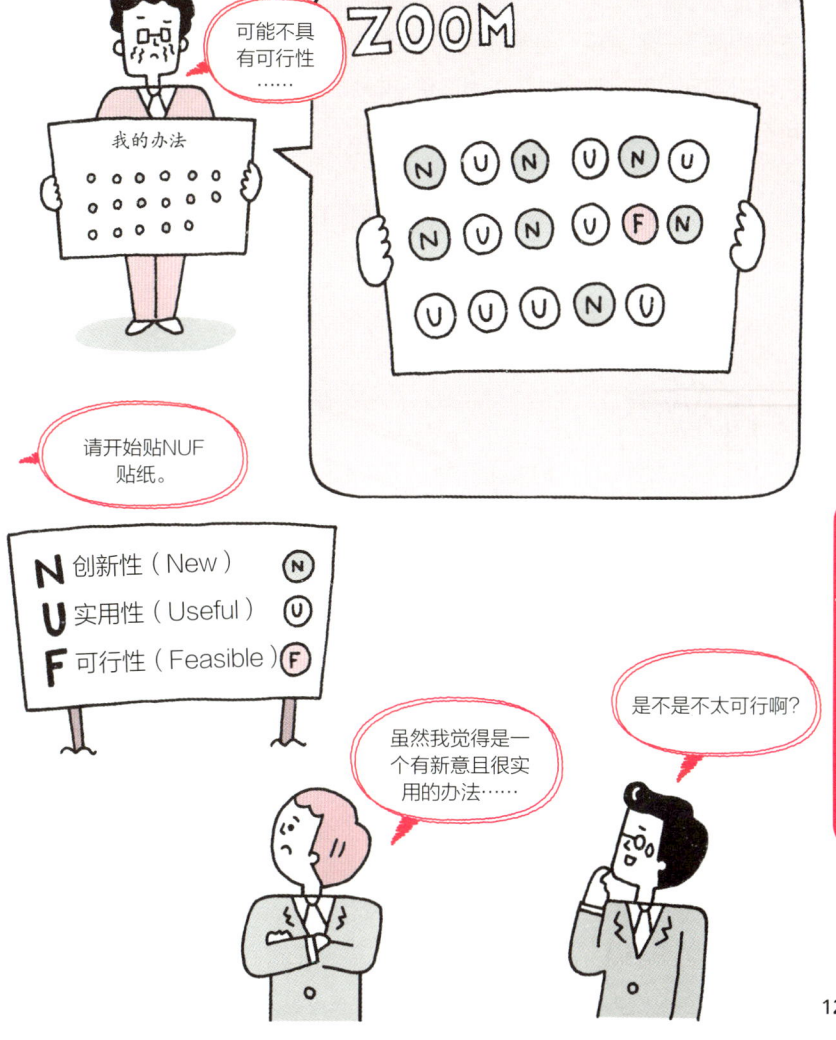

第 5 章　确定解决方案的方法

关键词 ➡ ☑ 支付矩阵

03 将选项的优先顺序可视化

支付矩阵可以让各个办法之间的优劣以及相应的位置这些需要进行价值判断的事变得一目了然。

我们可以通过头脑风暴法获得大量的办法。将这些办法按照一定的评价标准配置于矩阵（表）上，让每个办法所处的位置一目了然，这个矩阵就是支付矩阵。一般来说，会把是否能够找到办法，即"有效性（效果）"与是否可以实现，即"可行性"作为评价的标准。有效性（效果）为矩阵的纵轴，可行性为矩阵的横轴。

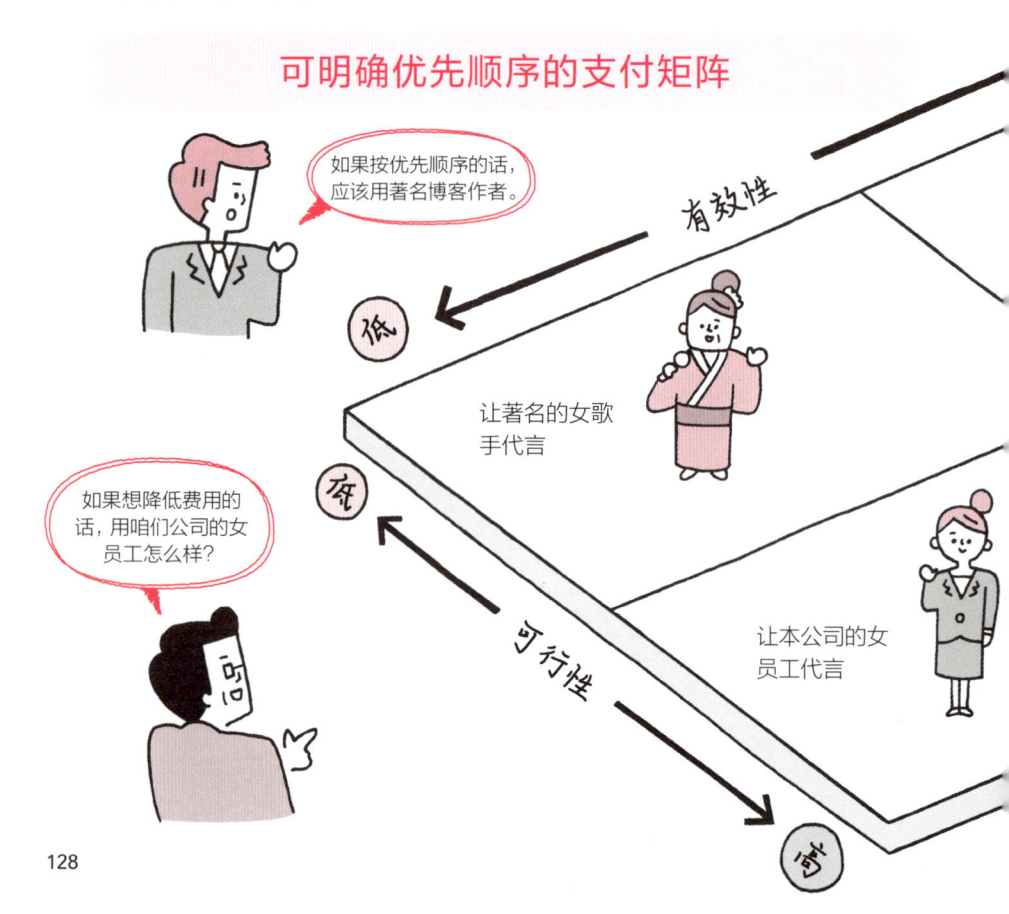

可明确优先顺序的支付矩阵

如果按优先顺序的话，应该用著名博客作者。

低

有效性

如果想降低费用的话，用咱们公司的女员工怎么样？

高

可行性

让著名的女歌手代言

让本公司的女员工代言

高

例如，宣传新化妆品时，让外国著名艺术家出任代言人，效果会更好。那么，在纵轴有效性上的位置就会比较高。但是，越有名气则需要的费用也越高，所以在横轴可行性上的位置就会比较低。像这样，在图上将各个办法的优劣表示出来，其优先顺序也就随之明确了。

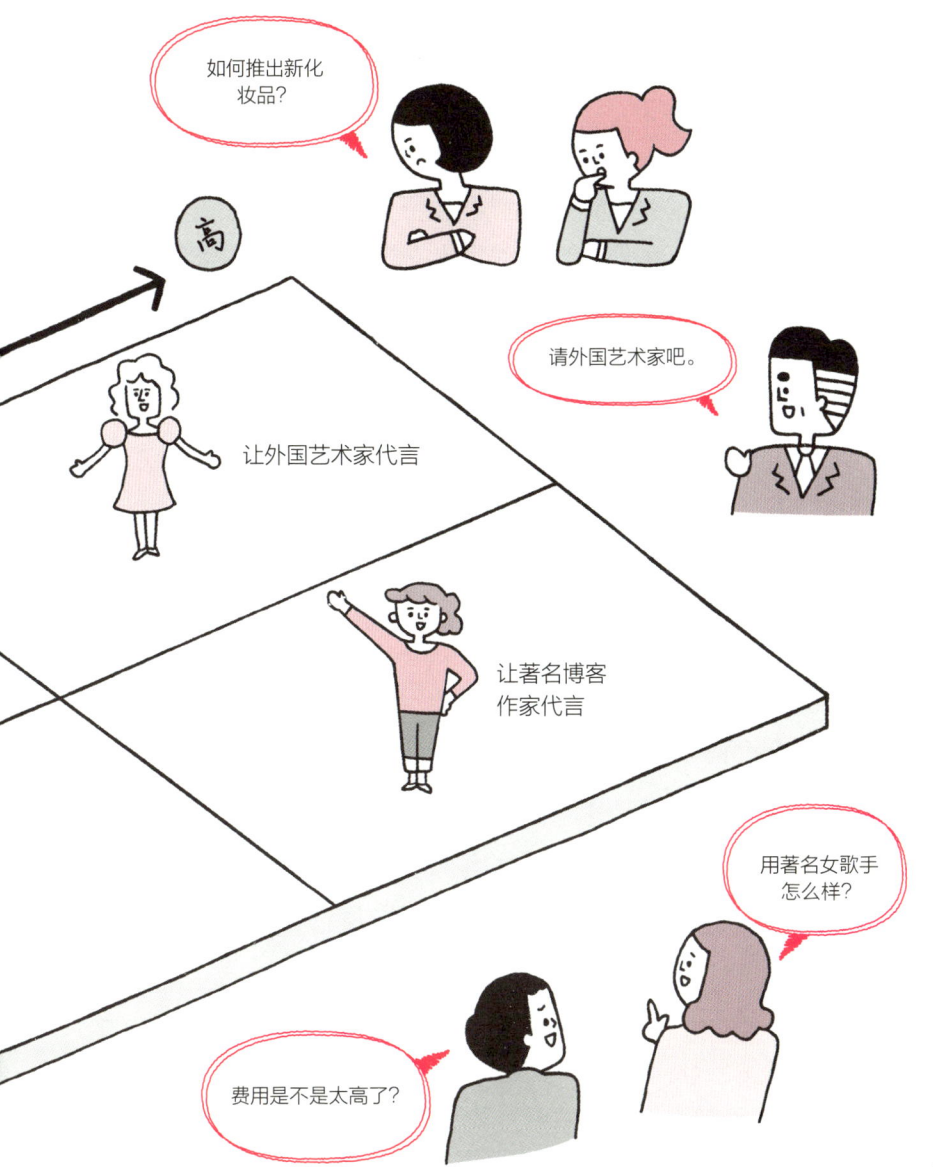

关键词 → ☑ 决策矩阵

04 合理地选择最佳选项

根据重要度的不同，设定多样的评价标准。以此为基础，用打分的形式进行评价，得出最佳的结论。

采用多种标准对多个办法进行评价就能得到更加合理的结论。决策矩阵就是一种评价的方法。将表的纵轴设为"选项"，横轴设为"评价标准"，在二者相交处标注"评价结果（分数）"。此时，给各个评价标准设定重要度，然后将其数值与评价分数相乘并计算合计数。根据最后得到的综合得分的高低来判断该选择哪个选项。

帮助做出合理判断的决策矩阵

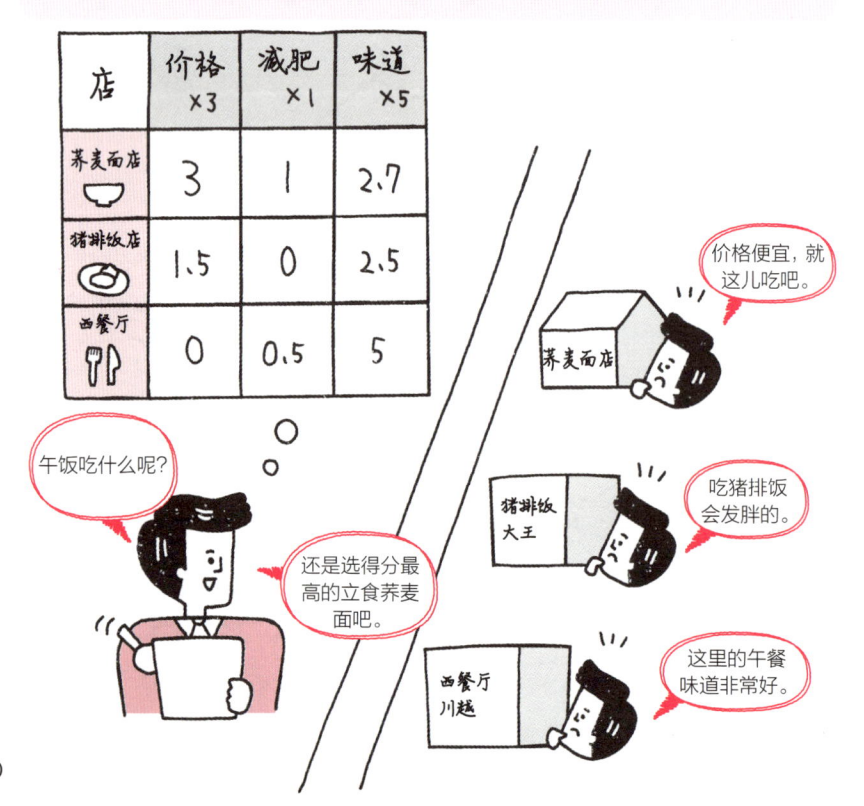

店	价格 ×3	减肥 ×1	味道 ×5
荞麦面店	3	1	2.7
猪排饭店	1.5	0	2.5
西餐厅	0	0.5	5

午饭吃什么呢？

还是选得分最高的立食荞麦面吧。

价格便宜，就这儿吃吧。——荞麦面店

吃猪排饭会发胖的。——猪排饭大王

这里的午餐味道非常好。——西餐厅川越

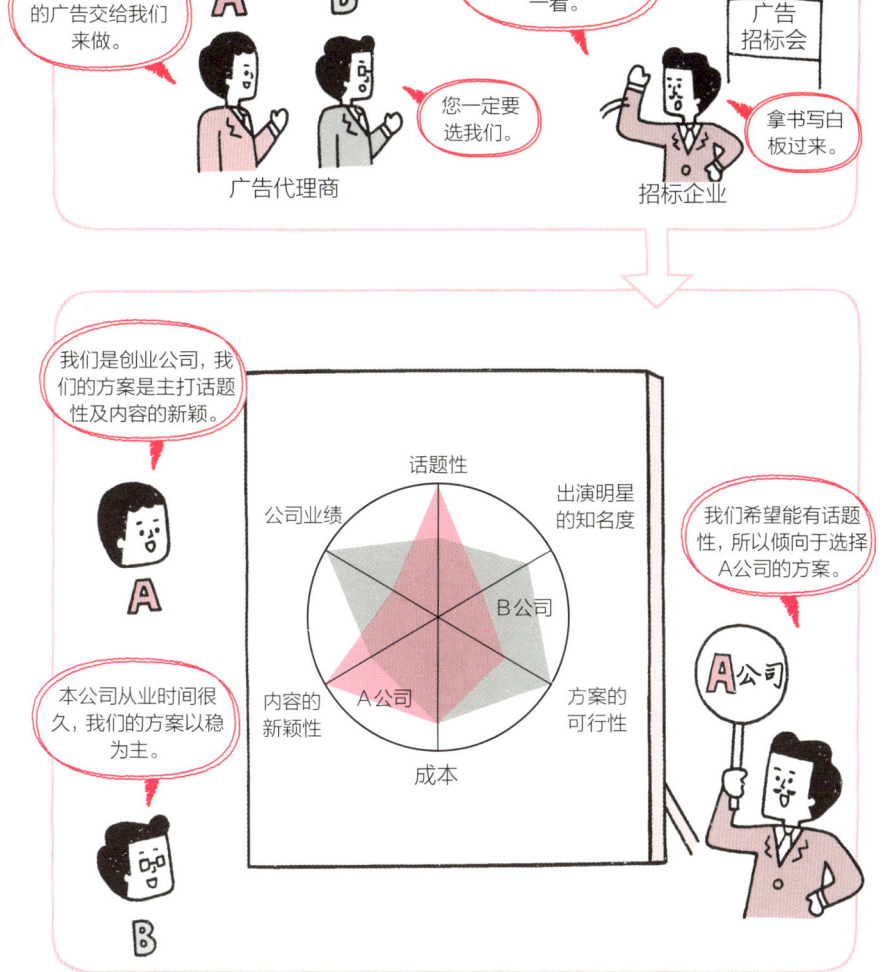

即便综合得分很高，也不意味着各评价标准处于均衡状态。此时，可以使用雷达图对整体的均衡度进行一下确认。不过，个别评价标准分数明显高于其他评价标准分数的情况，在有的时候也是需要的。<u>不要盲目地追求均衡，应该知道现在需要什么样的办法，然后根据具体情况做出判断。</u>

通过雷达图确认均衡度

关键词 ➡ ☑ 决策树

05 对所做选择将导致的后果进行预判

决策树是把可能的选项呈树形展开的一种图。在多种可能性中选择最佳的一项。

要通过决策矩阵找出最佳办法，就需要将所有可能的选项先都列出来。逻辑树（P66）也可用于此目的。为了达成目标，需要做些什么？将可采取的行动以树形展开。尽可能没有疏漏地将所有选项（行动）找出，这会成为通向成功的第一步，能够帮助我们找到最合理的方案。

找出全部选项的逻辑树

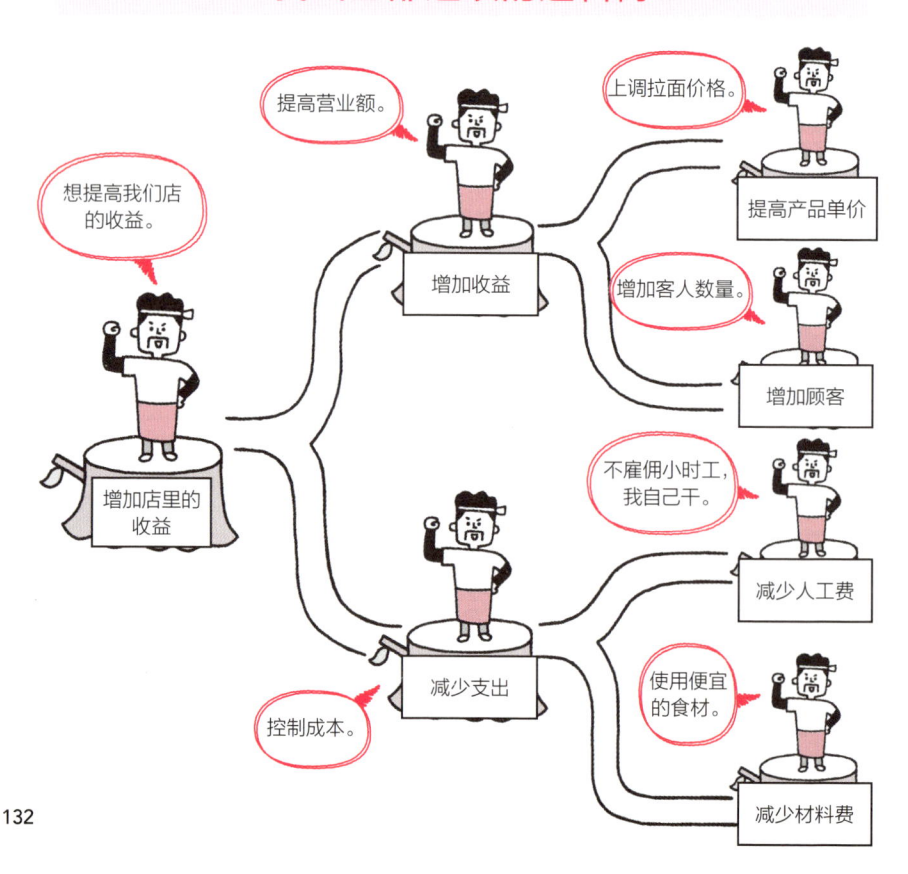

想提高我们店的收益。
↓
增加店里的收益

提高营业额。→ 增加收益
　上调拉面价格。→ 提高产品单价
　增加客人数量。→ 增加顾客

控制成本。→ 减少支出
　不雇佣小时工，我自己干。→ 减少人工费
　使用便宜的食材。→ 减少材料费

决策树就是逻辑树的应用版。让可以想到的选项以及与其相应的行为、反应都呈树形展开，然后计算出最后的期待值。对一个行为将会引起什么后果进行无疏漏的预判，这样就能知道采取什么样的行为可以得到什么样的回报。之后，对各种可能的回报进行比较以做出最佳的选择。

展望回报的决策树

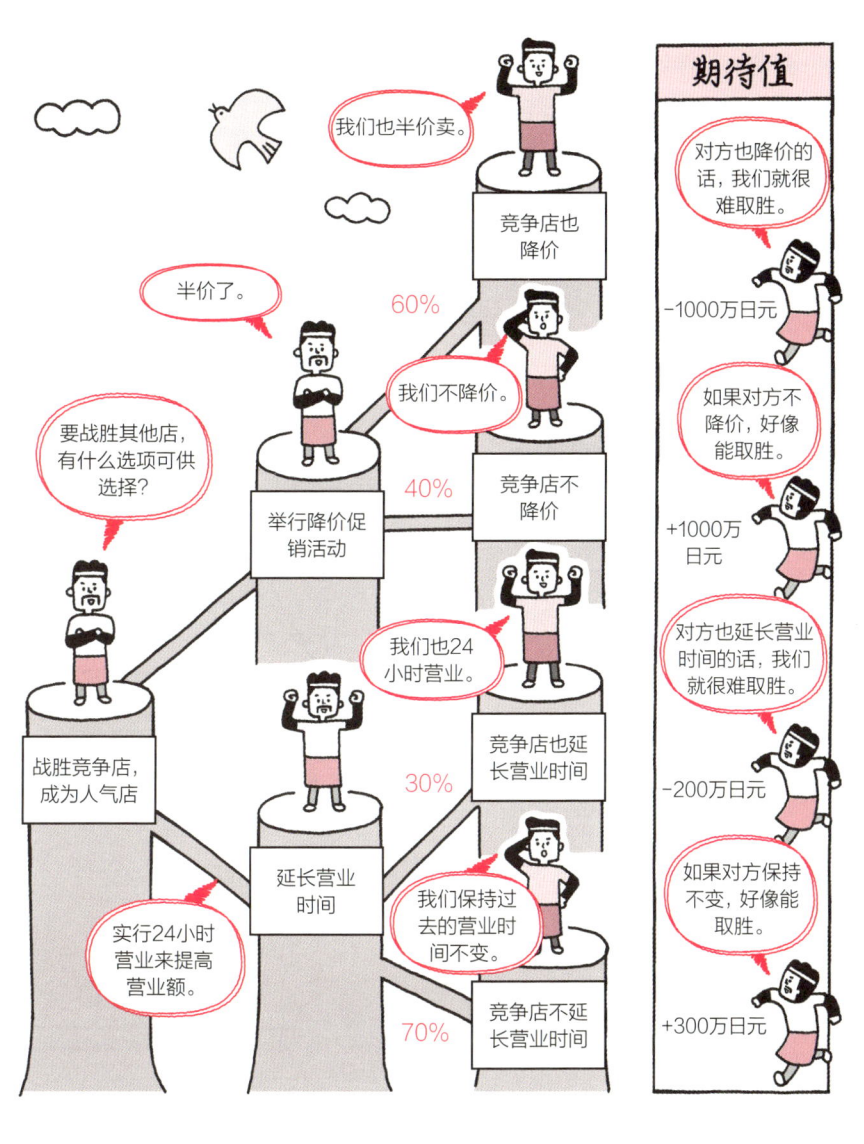

期待值

要战胜其他店，有什么选项可供选择？

战胜竞争店，成为人气店

- 举行降价促销活动
  - 半价了。
  - 竞争店也降价（60%）——我们也半价卖。——对方也降价的话，我们就很难取胜。 **-1000万日元**
  - 竞争店不降价（40%）——我们不降价。——如果对方不降价，好像能取胜。 **+1000万日元**

- 延长营业时间
  - 实行24小时营业来提高营业额。
  - 竞争店也延长营业时间（30%）——我们也24小时营业。——对方也延长营业时间的话，我们就很难取胜。 **-200万日元**
  - 竞争店不延长营业时间（70%）——我们保持过去的营业时间不变。——如果对方保持不变，好像能取胜。 **+300万日元**

第5章 确定解决方案的方法

关键词 ➡ ✓ 重要度·紧急度矩阵

06 给工作定出先后顺序

在日常的工作中，往往比较重视事情的紧急度，但这是错误的。如果对将来的回报有所期待，那么就应该去关注事情的重要度。

要提高工作效率，关键在于如何高效地对现有的大量问题以及办法进行处理。"**重要度·紧急度矩阵**"可以为我们提供这方面的帮助。这是一种决定工作先后顺序的方法，让我们知道应该从哪里做起。图的纵横评价轴分别表示重要度与紧急度，对希望定出先后顺序的问题及办法进行比较并将其放置于图中。

思考重要度与紧急度

让我来定一个先后顺序吧！

聚餐的日程还没定出来吗？
同事

把策划书交给我。
上司

请尽快把结算的文件给我。
会计

紧急度
低

会计

既不重要也不紧急

低

结算的事这个月月底之前做完就可以。

134

矩阵上排序最靠前的当然是重要度与紧急度都高的事情。会让人产生困惑的是重要度高但紧急度低的事情与重要度低但紧急度高的事情。哪一种情况的优先度更高呢？此时，重要度应优先于紧急度。<u>考虑效率时，要知道现在的许多工作其实就是对未来的投资，能够推动其他工作的开展。</u>

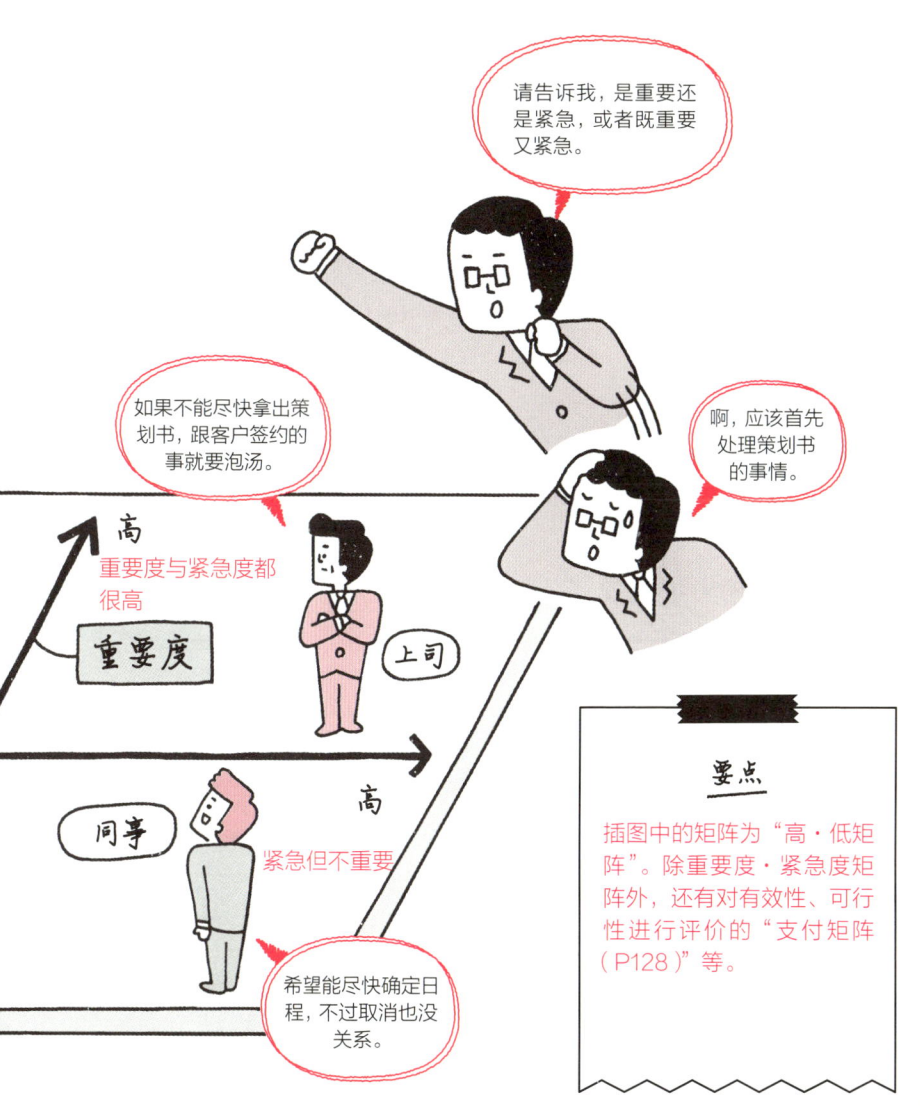

> 请告诉我，是重要还是紧急，或者既重要又紧急。

> 如果不能尽快拿出策划书，跟客户签约的事就要泡汤。

> 啊，应该首先处理策划书的事情。

高
重要度与紧急度都很高
重要度
上司

同事
高
紧急但不重要

> 希望能尽快确定日程，不过取消也没关系。

要点

插图中的矩阵为"高·低矩阵"。除重要度·紧急度矩阵外，还有对有效性、可行性进行评价的"支付矩阵（P128）"等。

第 5 章 确定解决方案的方法

关键词 ➡ ✓ "3W"、RACI 模型

07 明确责任与职责

推进项目时，比具体工作更辛苦的是对人的管理。将职责分工明确化的RACI模型可以为我们提供帮助。

"5W1H"分析法中的关键词可以让人际沟通变得更顺畅，商务人士应重视这些关键词。在传达事项及共同了解会议决议时，何人（Who）、何时（When）、何地（Where）、何事（What）、为何（Why）、如何（How）越明确，则认识上就越容易统一。其中尤为重要的是何人（Who）、何时（When）、何事（What）——"3W"，至少应就这三个方面统一认识。

就"5W1H"统一认识非常重要

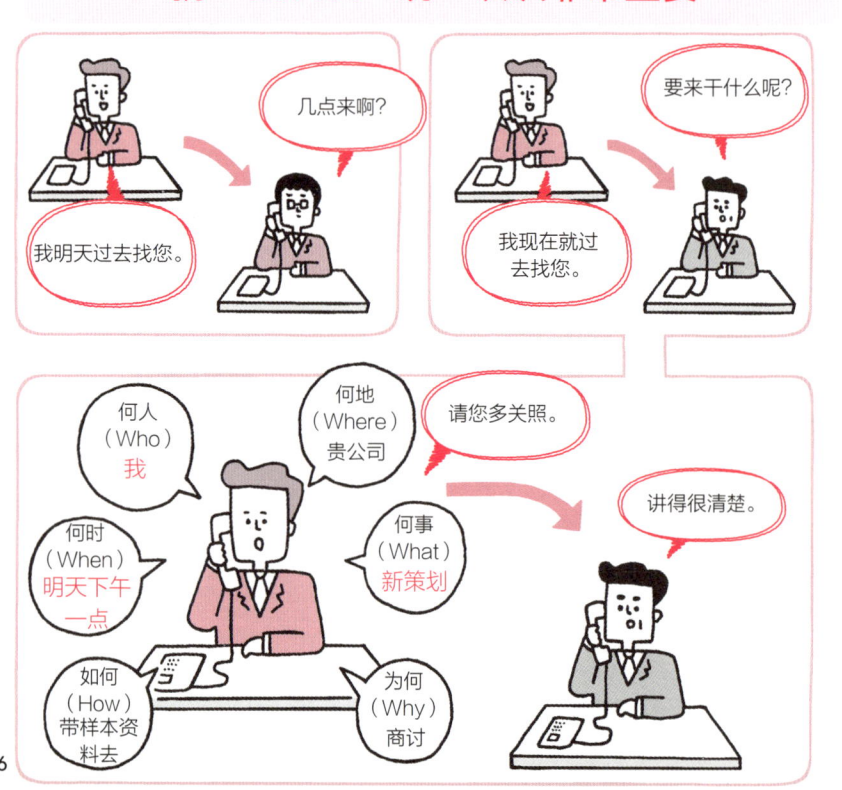

几点来啊？
我明天过去找您。

要来干什么呢？
我现在就过去找您。

何人（Who）我
何地（Where）贵公司
何事（What）新策划
何时（When）明天下午一点
如何（How）带样本资料去
为何（Why）商讨

请您多关照。
讲得很清楚。

将工作流程明确化并不困难,可是对人的管理就不那么容易了。此时 RACI 模型可以为我们提供帮助。谁是项目的执行责任人(Responsible)?谁是说明责任人(Accountable)?向谁咨询(Consulted)、报告(Informed)?职责分工越明确,业务管理就越顺畅,项目也会越成熟。

可将责任明确的 RACI 模型

A 我是说明责任人。 Accountable

可以问 A,对吧。

C 可以向我咨询。 Consulted

R 我是执行责任人。 Responsible

I 可以向我报告。 Informed

这不归我管。

你们公司的产品有问题!

执行责任人顾名思义,就是对整个项目的执行承担责任的人。顾客及公司内部人员需要对项目进行了解时,做出解答的就是说明责任人。咨询人负责对项目的执行提出建议。接受报告者负责听取项目的进展状况等最新信息。有时可能一个人身兼两职,例如既是咨询人又是接受报告者。

要点

在 RACI 中一人身兼两职时,用"咨询人/接受报告者"("C/I")这种形式表示。另外,责任人的职责是掌控整个项目,重要度非常高,所以原则上只能由一人担任。

第 5 章 确定解决方案的方法

关键词 ➡ ✓ 风险分析

08 应对不确定性

事先对可能出现的风险进行分析，就能做到有效应对。这里将介绍如何进行风险分析、评估。

风险是指伴随某个行为（或因没有进行某一行为）而出现的"遭遇危险的可能性"及"遭受损失的可能性"。也就是说，风险并非意外事件，而是发生于意料之中。那么如何进行风险分析和评估呢？在解决问题时，用"发生概率 × 影响度"来衡量风险。根据风险的大小，在规避、预防、降低、分散和应对这五种方案中选取相应的方案。

事先进行风险分析

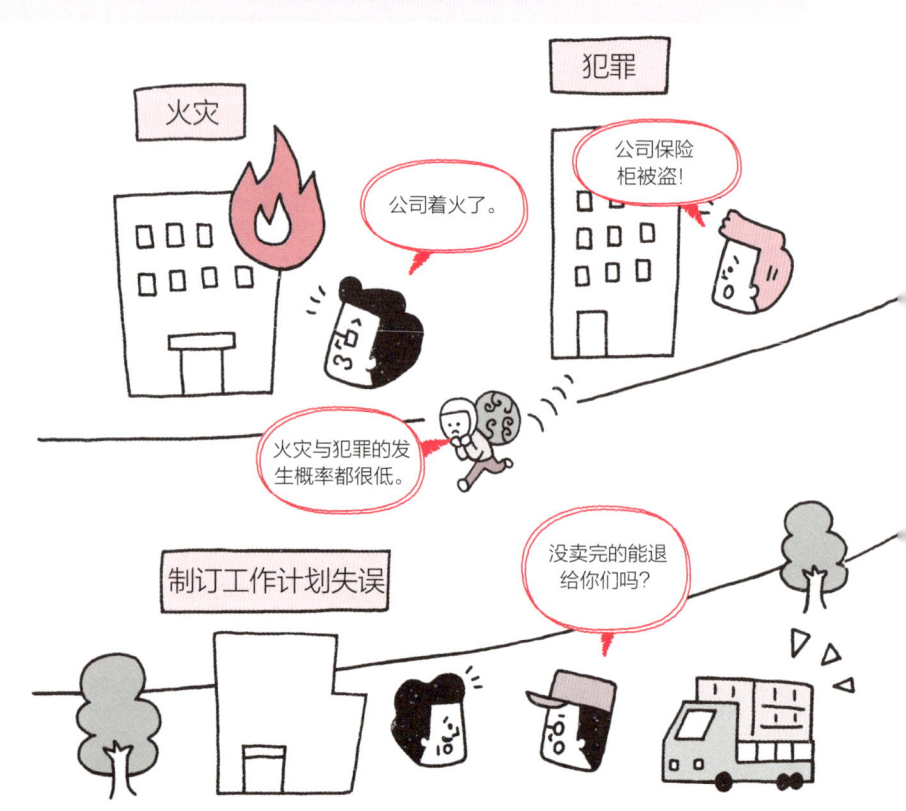

火灾

犯罪

公司着火了。

公司保险柜被盗！

火灾与犯罪的发生概率都很低。

制订工作计划失误

没卖完的能退给你们吗？

如果是发生概率极低且影响度也不是很高的事情，可以选择不做与风险有关的行为来规避风险，或者思考一旦发生时的应对方法。另外，对发生概率较高的事情，可以事先采取方法进行预防以减小发生的概率。反之，对于影响度较高的事情，则思考如何将其降低就变得非常重要。二者都较高时，还可以考虑采用分散风险的办法。

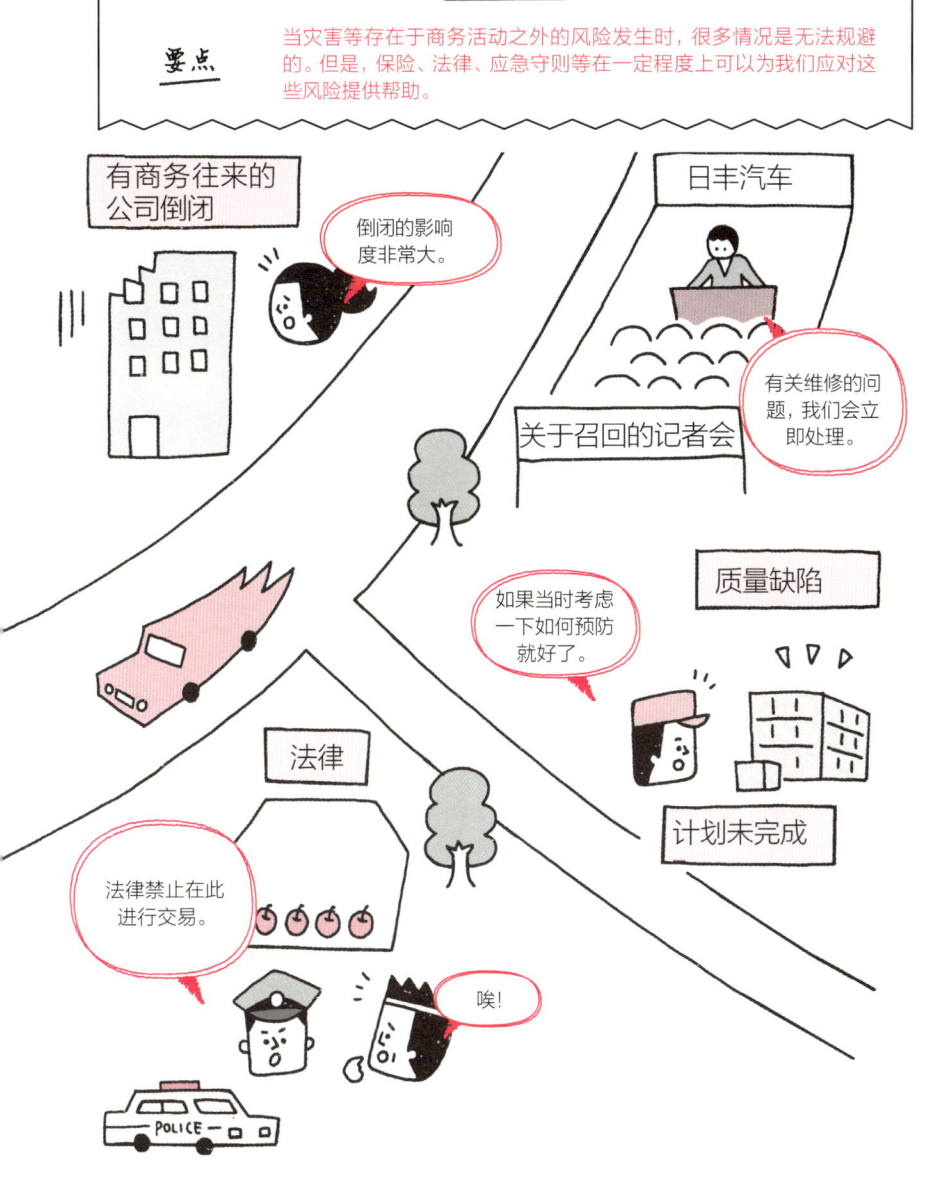

要点　当灾害等存在于商务活动之外的风险发生时，很多情况是无法规避的。但是，保险、法律、应急守则等在一定程度上可以为我们应对这些风险提供帮助。

有商务往来的公司倒闭

倒闭的影响度非常大。

日丰汽车

有关维修的问题，我们会立即处理。

关于召回的记者会

如果当时考虑一下如何预防就好了。

质量缺陷

法律

计划未完成

法律禁止在此进行交易。

唉！

第 5 章　确定解决方案的方法

关键词 ➡ ☑ PDCA 循环

09 让改进的循环转动起来

PDCA循环（戴明环）是在计划实施之后通过对效果的评价以及对产生问题的应对来谋求对工作进行改进的一种方法。让这个循环不断转动，就能提高工作的质量。

PDCA 循环是一种最基本的改进工作的方法，它由 Plan（计划）、Do（实施、执行）、Check（检验、评价）、Act（处理）几个英文单词的首个字母组成。持续进行这四个步骤以实现工作质量的提高。<u>不能仅停留在计划与实施上，让改进的循环不断转动起来才能取得更好的效果</u>。因此，这种方法也被称为 PDCA 循环。

实施计划然后进行评价、改进

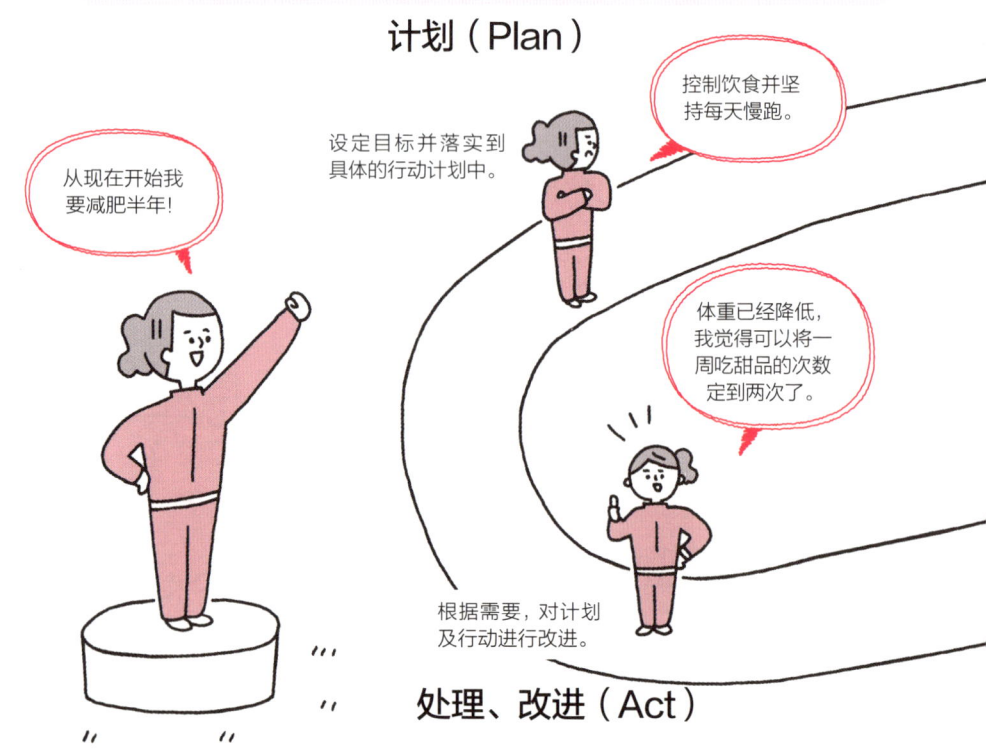

计划（Plan）

从现在开始我要减肥半年！

设定目标并落实到具体的行动计划中。

控制饮食并坚持每天慢跑。

体重已经降低，我觉得可以将一周吃甜品的次数定到两次了。

根据需要，对计划及行动进行改进。

处理、改进（Act）

PDCA 循环中占比较高的是计划实施后的评价与改进工作。计划未能全部得以实现以及发生意外情况时，需要回顾一下工作过程中存在哪些问题并拿出相应的对策。在完成改进之后，随即进入下一个循环。在计划阶段设定具体的数字目标，通过对完成度进行评价，来让循环变得更加合理。

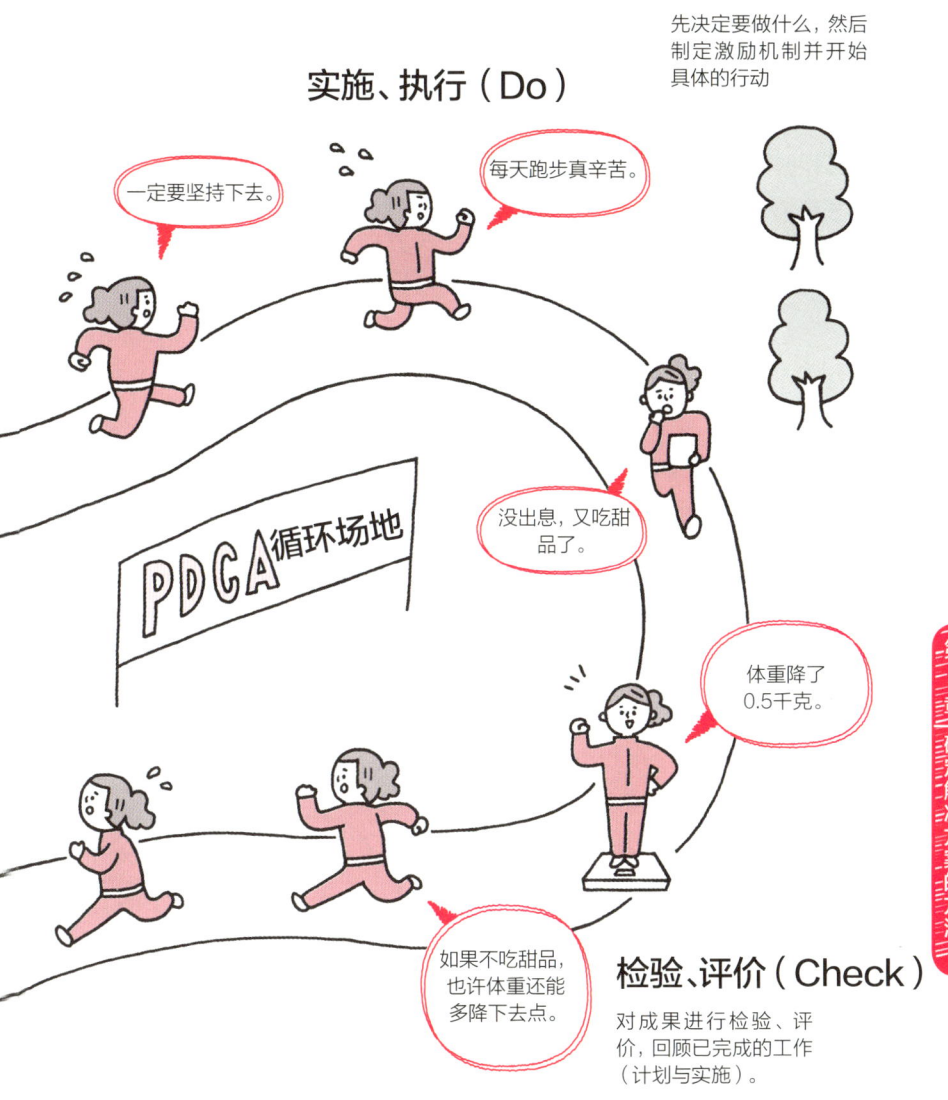

实施、执行（Do）

先决定要做什么，然后制定激励机制并开始具体的行动

一定要坚持下去。

每天跑步真辛苦。

PDCA循环场地

没出息，又吃甜品了。

体重降了0.5千克。

如果不吃甜品，也许体重还能多降下去点。

检验、评价（Check）

对成果进行检验、评价，回顾已完成的工作（计划与实施）。

第 5 章 确定解决方案的方法

关键词 ➡ ✅ KPT 模型

10 回顾工作，为今后积累经验

如果一项工作顺利完成，则要把经验推广到今后的工作中。如遇到问题，则在解决完问题之后寻求对整个工作环节的改进。KPT模型就是一种对工作进行回顾的方法。

当一个项目告一段落后，对之前的工作流程及获得的成果进行检验是实现不断改进工作的重要一环。KPT 模型就是可以对此提供帮助的一种方法。回顾工作时，对顺利完成的工作应继续坚持正确的方向（Keep），从没能顺利完成的工作中找出需要改进的地方（Problem）。最后，尝试对出现的问题进行改进（Try）。

今后需要解决的课题

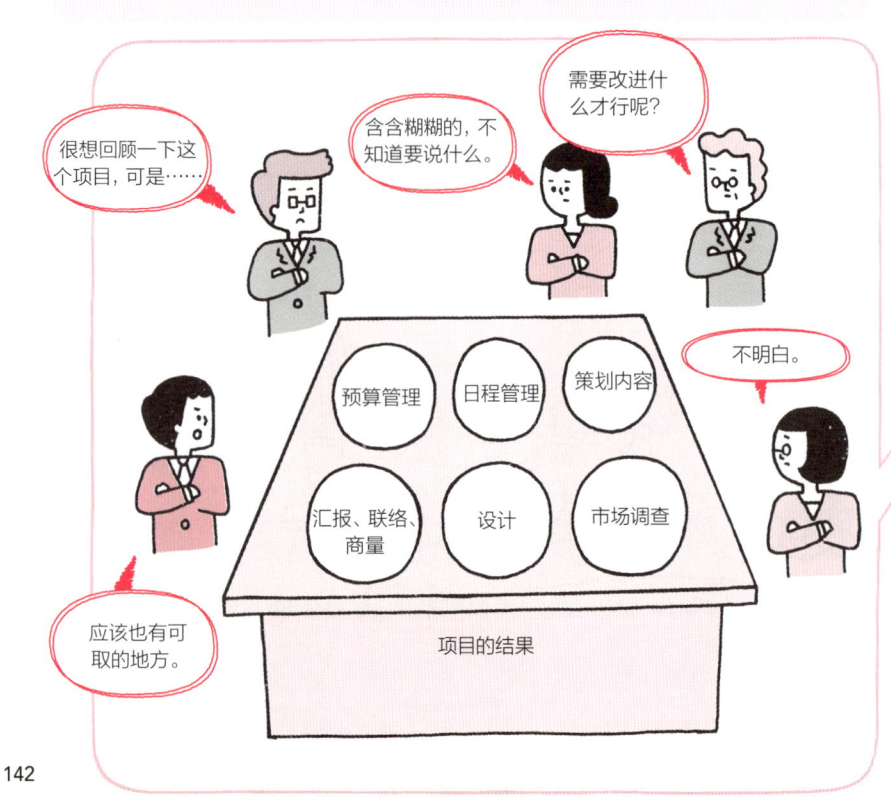

- 很想回顾一下这个项目，可是……
- 含含糊糊的，不知道要说什么。
- 需要改进什么才行呢？
- 不明白。
- 应该也有可取的地方。

预算管理　日程管理　策划内容
汇报、联络、商量　设计　市场调查

项目的结果

回顾工作时，容易只盯着缺点看。KPT 的关键之处在于继承成功经验。应该从积极的视角对项目进行回顾，要先找出取得了良好成效的地方。优点可以在面对新挑战时为解决问题提供基础。最后，要总结今后的课题，致力于如何解决问题，这样项目的质量就能不断得到提高。

要点

在召开工作回顾会议时，可将 KPT 写在书写白板上，也可以写在便签上，然后张贴。

第 5 章 确定解决方案的方法

关键词 ➡ ✓ SMART 原则

11 设定具有挑战性的目标

通过五个指标检验目标是否合适。使用SMART原则，就可以制定具体且具挑战性的目标。

SMART 原则是检验制定的目标是否恰当的一种方法。由"Specific（是否具体）""Measurable（是否可衡量）""Attainable（是否可实现）""Relevant（是否具有关联性）""Time-bound（是否有期限）"这几个英文单词的首字母组成，是制定目标时的指标。只要针对这五个因素进行检验，任何人都能很容易地制定出自己的目标。

模糊不清的目标没有任何意义

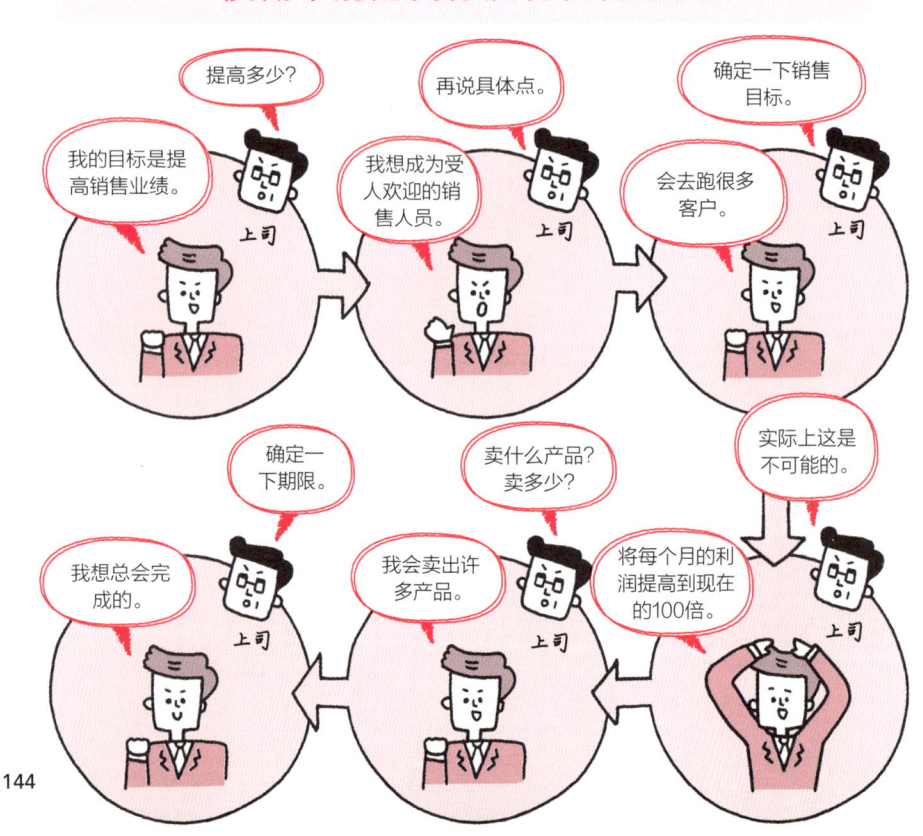

- 我的目标是提高销售业绩。 → 上司：提高多少？
- 我想成为受人欢迎的销售人员。 → 上司：再说具体点。
- 会去跑很多客户。 → 上司：确定一下销售目标。
- 将每个月的利润提高到现在的100倍。 → 上司：实际上这是不可能的。
- 我会卖出许多产品。 → 上司：卖什么产品？卖多少？
- 我想总会完成的。 → 上司：确定一下期限。

制定目标时，应尽可能地把目标具体化。如果旁观者对同一个目标有不同的解读，则这个目标会很难实现。难易程度也是重要的因素。难度过高的目标、难度过低的目标都会阻碍项目的进展。要制定具有挑战性的目标，同时还要让自己的能力与之相匹配。SMART 原则可以帮助我们制定出合适的目标。

让目标更加合适的SMART原则

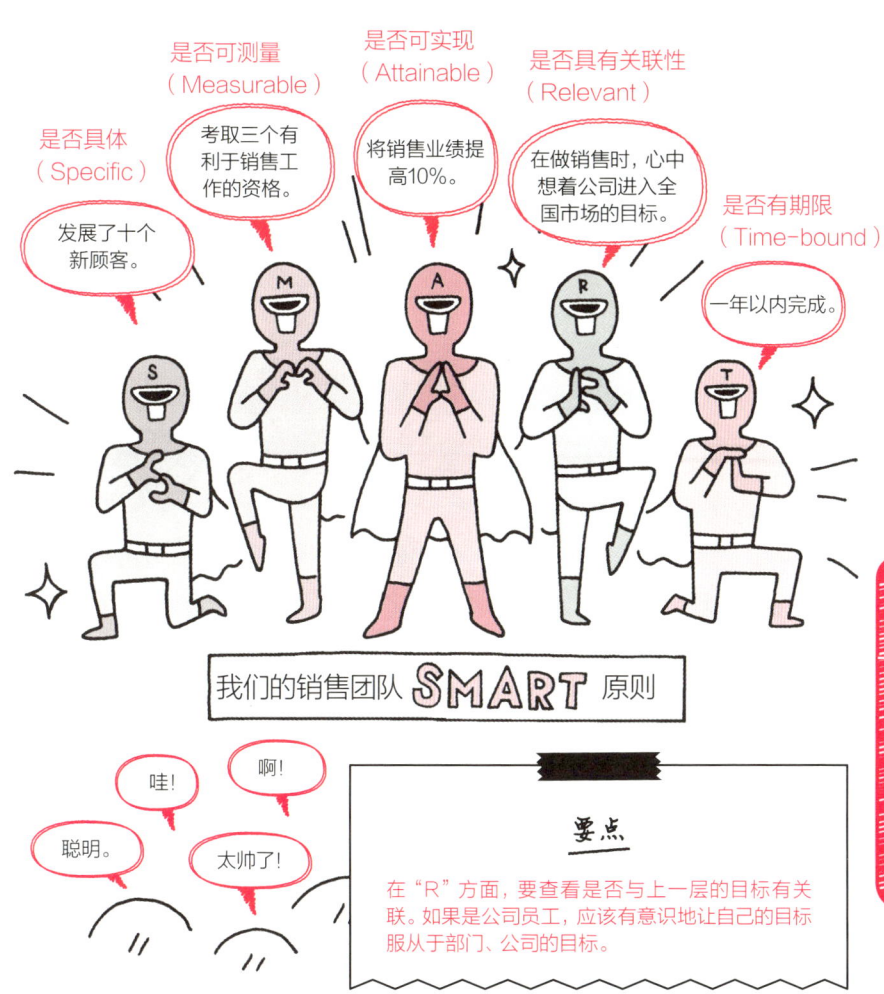

是否具体（Specific）：发展了十个新顾客。

是否可测量（Measurable）：考取三个有利于销售工作的资格。

是否可实现（Attainable）：将销售业绩提高10%。

是否具有关联性（Relevant）：在做销售时，心中想着公司进入全国市场的目标。

是否有期限（Time-bound）：一年以内完成。

我们的销售团队 SMART 原则

哇！
聪明。
啊！
太帅了！

要点

在"R"方面，要查看是否与上一层的目标有关联。如果是公司员工，应该有意识地让自己的目标服从于部门、公司的目标。

第5章 确定解决方案的方法

关键词 ➡ ☑ 时间机器法、反推法

12 不让目标消失

时间机器法就是不基于现状去思考未来，思考如何让理想中的未来得以实现并勾画出具体的路径。

很多人都只能在现在的延长线上勾画未来。也有很多人并没有依靠自己来实现目标的当事人意识。"时间机器法"可以为这些人提供帮助。想象 N 年后的自己会是什么样子，明确什么是自己理想中的未来。在此基础之上，将实现目标的过程具体化，思考为了能够实现目标，在 N/2 年后应该是什么样子、N/4 年后应该是什么样子。

从未来反推现在

十年后自己创业。

认真学习与工作相关的技能。

自己开发的项目获得了成功。

现在　　半年后　　一年后

为了十年后的目标，现在就要开始努力奋斗。

时间机器

设定一个理想中的未来，然后思考如何去实现，我们称这种方法为"**反推法**"。事实上时间机器法的思路也基本上来自这个方法。**要点是不要基于现状去想象未来，而是基于未来去改变现状。**因此即便已经不大可能按期实现目标，也不能轻易降低目标。应该设定新的课题，让一切行动为实现最终目标服务。

关键词 ➡ ☑ 职业锚、想做 / 能做 / 必须做

13 找到想做的工作

自己对工作有什么追求？职业锚可以帮助我们找到适合自己的工作。

在选择工作时，把我们绝对无法接受妥协的价值观及要求称为**职业锚**。这些价值观及要求不会受周围环境的影响，一生当中也不会有大的变化，就像是我们人生中的一只锚。美国社会心理学家沙因将职业锚分成了职能型、管理型、稳定型、创造型、独立型、服务型、生活型、挑战型八个类型。<u>了解职业锚会对我们选择工作有很大的帮助。</u>

职业锚就是不可妥协的价值观与要求

职业锚就是人生中的一只锚。

1. 职能型
希望在擅长的领域发挥职业能力。

2. 管理型
希望管理组织。

3. 稳定型
不希望有变化，愿意在组织当中从事稳定的工作。

4. 创造型
希望创造新的事物。

5. 独立型
希望按自己的节奏工作。

6. 服务型
希望对社会及他人作出贡献。

7. 生活型
重视工作、家庭、自我实现的平衡。

8. 挑战型
希望挑战难题并在竞争中战胜对手。

当一个工作满足想做（Will）、能做（Can）、必须做（Must）这三个条件时，我们会感到这个工作非常有意义。其中，想做与职业锚的概念一致。实际上，不能只靠这一个条件来选择工作，还要考虑"能做"与"必须做"。

想做、能做、必须做关注最重要的部分

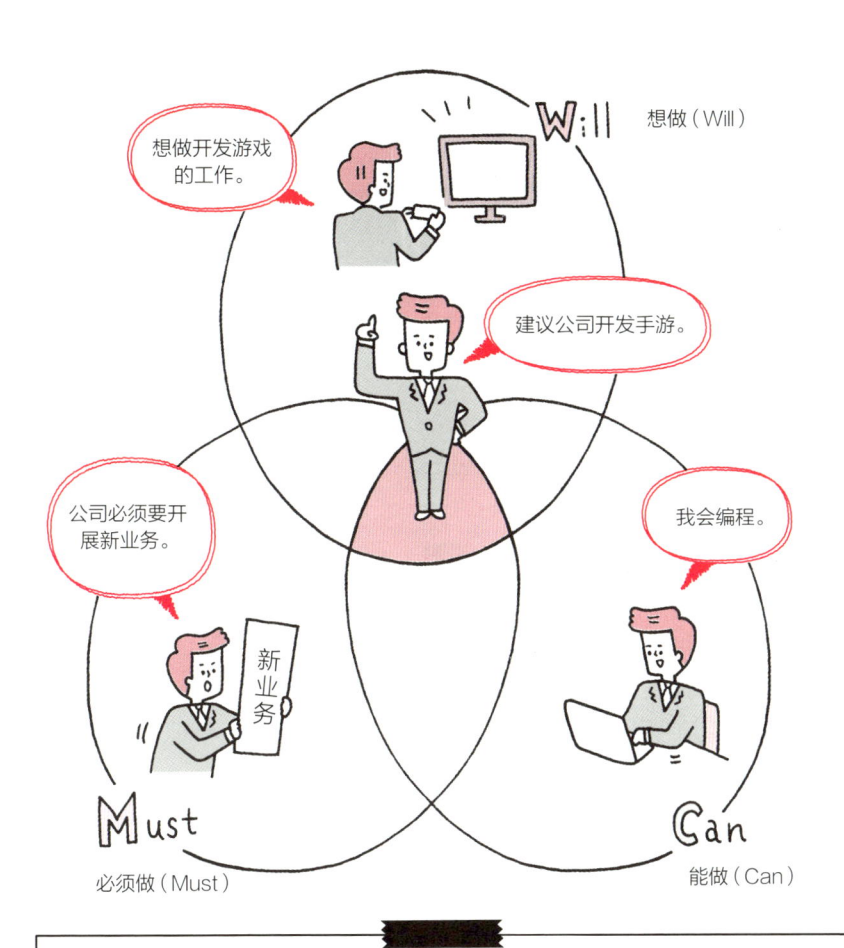

想做（Will）

想做开发游戏的工作。

建议公司开发手游。

公司必须要开展新业务。

我会编程。

必须做（Must）　　　　　　　能做（Can）

要点　在考虑职业规划时，经常会用到"想做、能做、必须做"这一方法。一种说法认为这种方法出自沙因，还有一种说法认为出自德鲁克。

第5章 确定解决方案的方法

149

可视化图表 9

阶梯图

将正负数据呈阶梯状排列

将柱形图的各个类别横向排列，并且从左向右数值由小变大，看上去像是一个阶梯，这种图被称为阶梯图。其主要特点是可对表示整体数值的柱形与经分割后分别表示各类别数值的柱形进行直观的比较。还有一种图被称为瀑布图，用上升的阶梯表示收入，用下降的阶梯表示支出。在市场营销中，这种图常见于做说明时，其好处是可以将收益与成本的构成可视化。当成本为负时也能表示，所以这种图可以说是既简单又好用。

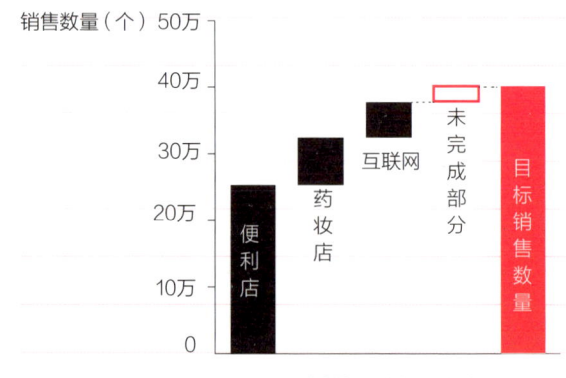

阶梯图的示例

通过示例的阶梯图，可以清楚明了地知道在什么地方卖出了多少商品，以及目标未完成部分的数量。

可视化图表 10

直方图

可知晓各层级频数分布的图

直方图是在统计中表示频数分布的图。纵轴表示次数、顾客数等频数，横轴表示层级。将时间、年龄等连续性数据划分为一个个小的区间就是层级。换言之，直方图表示的是每个单位或每个层级（Class）相应的数量或次数（频数）。联想一下柔道或者拳击的重量级可以便于我们理解。例如，通过这种图，可以很容易地对柔道各重量级的奥运会金牌数量进行比较，搞清楚哪个重量级更强、哪个重量级还需努力。

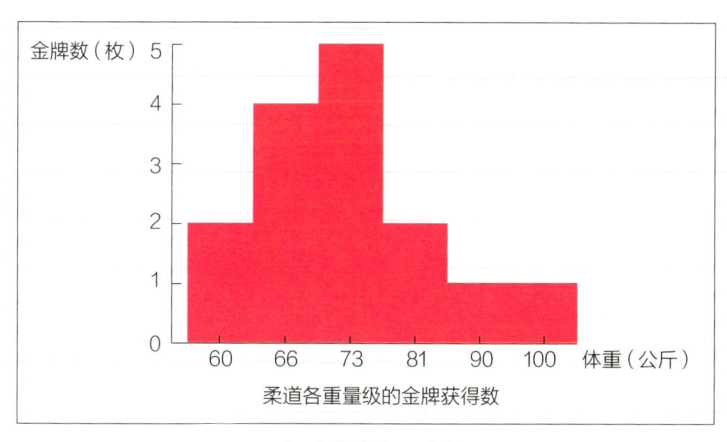

柔道各重量级的金牌获得数

直方图的示例

通过示例的直方图，我们可以知道在柔道 66 公斤级与 73 公斤级的比赛中获得了更多的金牌。

专栏 5

趋同偏向的陷阱

"几位都喝点儿什么？""我要生啤。""我也要生啤。""我也是。""那你也要生啤得了。""啊，可以……""好了，四杯生啤！"类似这样的对话，可能每个人都听到过。

实际上，并不一定所有人都想喝生啤，而很可能是"趋同"（趋同偏向）这种心理因素在起作用。

可以想到的影响因素大概有两个，一个是自己做出判断时受到的"情绪性"影响。当自己意见、判断可能不正确时，往往会追随他人或集团的判断。另一个是"规范性"影响。这种影响是一种恐惧心理。例如，做与众不同的事情会被视为怪人，会遭伙伴嫌弃。

这些因素很多时候都能发挥积极的作用，但也有相反的情况。有时解决问题的关键会掌握在少数人手中。

第 6 章

解决难题

即便可以熟练使用前面几章介绍的方法,也还是会遇到无法解决的问题。本章我们将一起探索如何解决难题。

导语
改变理解问题的方式

有凭技术无法解决的问题

围绕着解决问题的四个步骤,我们已经介绍了很多方法。发现问题,探求原因,找出解决问题的办法之后,就要进入实施阶段了。但是,有的问题,只靠这些方法可能也无法得到解决。对于错综复杂的问题以及与人或组织有关的问题,如果不改变理解问题时采用的框架,则很难找到头绪。

假设,有一个公司,采取提高工作效率、降低成本的办法并成功实施,但仍旧亏损。因为公司结构与组织文化存在问题,所以可能找不到真正导致问题的原因,在实施解决方案时也可能遇到困难。本章主要介绍如何处理较难通过技术来解决的问题。

1 选择正确的方式来理解问题

如果不能正确理解问题,那么原本能够解决的问题可能也无法解决了。确定现在面临的问题是什么样的问题,这非常重要。

2 利用长处来解决问题

即便解决方案与目标都非常明确,但最终还是要依靠人来进行操作。与其勉为其难让人去做不可能实现的事情,正确的做法是提高人的工作积极性。

3 改变看问题的视角

当认识到问题就是"问题"时,问题才真正出现。改变视角,有时问题也会变得不是问题。

4 原因与结果的循环

原本是为解决问题而提出的方案,有时反而会引发问题。这里将深入浅出地讲解"问题的循环结构"。

5 将人与问题分离

片面的主观认识有时会引发问题。客观地看待问题,可以有助于我们解决问题。

6 利益相关者会商

大的问题一般都有很多利益相关者。如果这些利益相关者不能在一起会商出最符合整体利益的解决方案,则解决问题就很难实现。

　　实际工作、生活中遇到的问题不是学校的考试,很难有明确的答案。根据具体的目的及实际情况的不同,最佳的解决方案也会发生变化。有很多问题是很难通过技术来解决的。有时需要改变想法,回归问题的原点,重新展开思考。一个办法效果不好,可以试一试其他办法,如果还是不行,就继续想新的办法,我们能做到的其实就是下功夫、尽我们所能去寻找最佳的方案。

关键词 ➡ ☑ 技术性问题、适应性问题

01 选择正确的方式来理解问题

有的问题可以通过技术来解决，而有的问题则需要通过适应来解决。

我们在日常工作、生活中遇到的问题，大致可以分为技术性问题与适应性问题这两类。例如，针对降低产品成本这一问题，基本上已经有了成熟的技术及方案。类似这样的问题，解决方法我们大体上已经清楚，就算需要下一番功夫，但终究可以通过技术加以解决，我们称之为技术性问题。换言之，这类问题就是"做法的问题"，前面我们介绍的诸多方法都可以为解决这样的问题发挥作用。

技术性问题可通过适当的方法来解决

米饭用得太多了！控制一下成本。

好的。

速度再快点儿。

效率太低了。

可通过提高组织内人员技术等方法来解决的问题就是"技术性问题"。

但是，如果组织运营不能正常进行，工作团队的士气已经非常低迷，这种情况就很难依靠技术来解决问题。<u>需要引进新的想法并依照这种想法展开行动才能解决的问题就是适应性问题</u>。也就是说，这类问题是"想法的问题"，接下来要介绍的就是解决这类问题的方法。适应性问题无法通过技术性的方法来解决，反之，采用适应性的方法去处理技术性问题，也不会有好的效果。

通过改变想法来解决适应性问题

不干了。

干不下去了！

唉。

难道我得把他的工作也做了……

不，我做不了。

只能靠改变想法了。

欢迎光临。

您久等了。

嗡

咔咔

要点

有的问题用技术性的方法（做法）与适应性的方法（想法）都能解决。

不改变想法（不是做法）就不能解决的问题是"适应性问题"。

第6章 解决难题

157

关键词 ➡ ☑ 积极向上法

02 利用长处来解决问题

如果被动工作的感觉比较强烈，则积极性就会降低，也无法获得期待的成果。所以保持积极的心态是十分重要的。

在本书前面的部分已经介绍了探寻问题根本原因的差距法。锁定原因并将其消除，进而对错误及运行不顺畅的地方进行改进，这个时候往往被动工作的感觉较强，工作积极性会因此降低。所以，对于跟人与组织有关的问题，这样的方法就不太适用。对此，积极向上法可以为我们提供帮助，找到我们想做的事情而不是应该做的事情。

差距法有时会降低积极性

辅导班

擅长的科目可以放一放，先要解决不擅长的科目。

你在汉字上还得多下功夫。

如果想考进理想中的学校，就要杜绝失误。

已经没有兴趣再学下去了……

差距法是要填平现实与理想之间的沟壑，探索失败的原因，改正错误，在失败中吸取教训并不断进步。但这种方法往往会降低工作的积极性。

即便找到了解决问题的方案,但不要忘记,实施方案的还是人。如果是不想做的事情,人会拒绝去做,或者即使勉强做了,也不会收到好的效果。为了避免发生这种情况,最重要的是提高工作的积极性。<u>不依靠探求原因来解决问题,而是去追求理想与目标</u>。不谋求去克服缺点,而是努力发挥长处。不去反省失败,而是在成功中学习经验。这种积极向上的想法可以给人前进的动力并促进工作的开展。

积极向上法可以激发工作热情

比上一次高了一分。
要继续努力。
好的。

你数学学得不错,成绩还会提高的。
好的。

如果语文成绩也能像数学那样就好了。
我觉得我可以的。

思考一下上了大学后都想做什么。
是的,是需要想一想了。

感觉很有动力。
加油!

要点

"追求理想与目标""做想做的事""养成独特的行事风格"都是积极向上法的特点。提供工作积极性,就能让我们努力前行,不断向成功迈进。

关键词 ➡ ☑ 认知转变法、重构

03 改变看问题的视角

只要改变看问题的视角，即使是原本很难解决的问题，也可能变得不再是问题。我们有必要从如何定义问题开始思考。

在基于思考与推理的认知活动作用下，人们可以将发生的事情看作问题。也就是说问题来源于人的意识。如果真的是这样，那么我们可以试着改变自己的认知。我们可以从积极的角度对消极的事情进行重新认识，这样有时就能解决问题。我们称这种方法为**认知转变法**。不要很草率地去尝试解决问题，应从对问题的基本理解开始重新思考。

问题产生于认知

- 混蛋！
- 动手吗？！
- 啊，着火了。
- 哇，找不到妈妈了！
- 人生总会遇到这样的事情。
- 跟叔叔玩去吧！
- 啊，救命啊！
- 快叫救护车！

问题产生于人的认知。根据我们看待问题方式的不同，有时候问题可以不再是问题。

给可从多个角度进行解释的一件事情赋予某个特定的意义，就是人的心理架构。可以放弃现在的架构，然后改变视角来重新理解问题。重构就是基于认知转变法的一种技术，常被用于心理咨询。将消极的视角转变为积极的视角，将短处视为长处，这样问题就不再是问题了。

通过重构来转变看法

减少一半零花钱。

太好了！可以在实践中学习节省的方法。

手术有30%的概率会失败，病人会死亡。

有70%的概率会成功，还能继续活下去。

运气不错，挺好的。

踩狗屎了！

我讨厌我做事容易半途而废的性格。

那说明你能很快地看出一件事情是否会有好的结果。不用担心。

对消极的事情，也可以从积极的角度来理解。
也就是说，问题可以随着人的看法而发生改变。

第6章 解决难题

关键词 → ☑ TOC

04 问题存在于两难困境的结构之中

考虑到一个方面则无法兼顾另一个方面，也就是无法进行选择。TOC（制约理论）是通过消除两难困境来解决问题的方法。

当可解决问题的两个选项无法共存时，选择任意一个选项都会引起不良状况的发生。我们称这种现象为两难困境。意见分歧也多由两难困境导致。可以消除两难困境的就是 TOC。TOC 从发现双方的共同目标入手，旨在找到导致两个选项无法共存的思考上的制约条件。我们通过找到可以消除制约的办法来消除两难困境。

何为出现两难困境？

总裁

二者不能共存。

哎，该如何选择呢？

应该暂停新产品的开发。

应该不断地开发新产品。

对，对。

财务部长

VS

对，对。

产品部长

"选择了一个选项，则无法选择另一个选项"，这样的问题经常会发生。

我们可以看一看这样的例子。针对振兴地区经济，支持举办活动一派与反对派之间展开争论。像这种社会性的问题，出现利益及立场的对立很正常，要想找到共同的目标反而是非常困难的。但是，在解决产生于组织之中的问题时，一定可以找到共同的目标。因为同一组织的成员，一定有基本的共同利益。只要能找到共同的目标，就能通过 TOC 来消除两难困境。

通过新方案实现共同的目标

总裁办公室
总裁：为什么要暂停新产品的开发？
财务部长：因为想尽可能地减少支出。

总裁办公室
总裁：为什么要开发新产品？
产品部长：因为想给公司创造更多的收益。

现在就宣布公司的方针。
你们两个都在为公司的利益着想，所以才会产生对立。
在尽量减少支出的基础上开发新产品。
不行，一定要暂停。
一定要开发新产品。
能不能想一个这样的办法？
明白了。
好的。

两个人的共同目标就是让公司获得更多的利益。只要找到这个共同目标，就一定会有能让双方意见实现共存的方案。

关键词 ➡ ☑ 系统性思维

05 改变原因与结果的循环结构

解决问题的方案也能使问题变得更加严重。为了避免发生这种情况，我们需要通过系统性思维来改变问题的结构。

本以为问题可以得到解决，但没想到又出现了新的问题。在不知不觉当中，一个问题可能又会发展成另外的问题。此时，系统性思维可以发挥作用，为根本解决问题提供帮助。在多种因素相互影响、不断趋于复杂化的社会之中，这种方法变得尤为重要。其特点是不拘泥于眼前的问题而放眼大局，不只关注每个具体的影响因素而注重把握整体。

何为原因与结果的循环

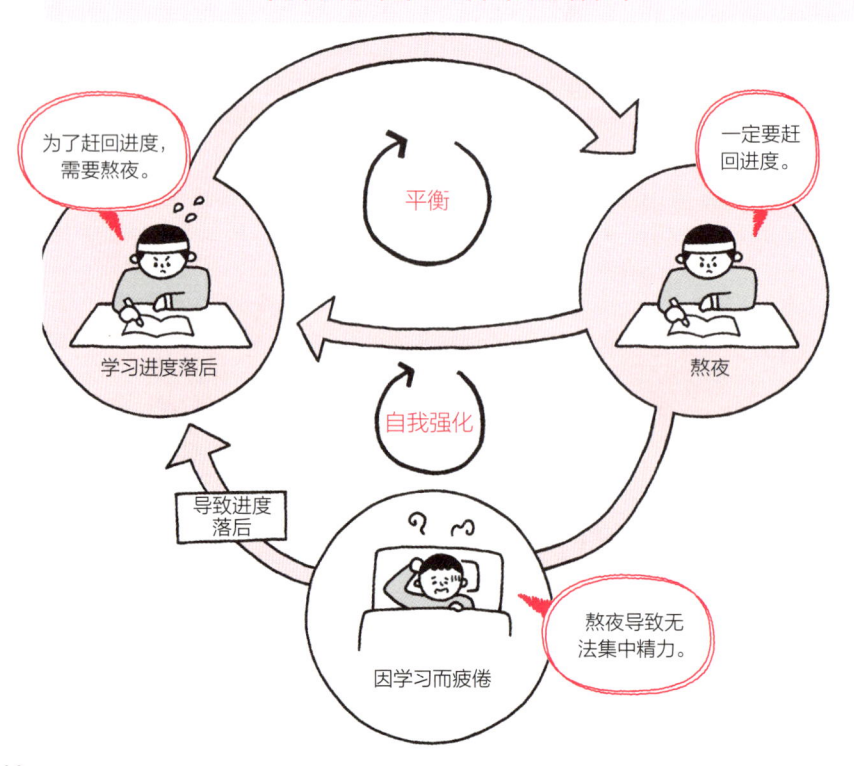

- 为了赶回进度，需要熬夜。
- 学习进度落后
- 平衡
- 一定要赶回进度。
- 熬夜
- 自我强化
- 导致进度落后
- 因学习而疲倦
- 熬夜导致无法集中精力。

找出导致问题的因素，然后用图来表示复杂的因果关系。很多情况会出现原因导致结果、结果又导致原因的恶性循环。此时，我们需要做的不是针对每个具体的因素想办法，而是必须要改变整个结构。具体来说，就是想办法找到可提高解决问题效率的杠杆、引入可消除恶性循环的新循环、切断因果关系等。

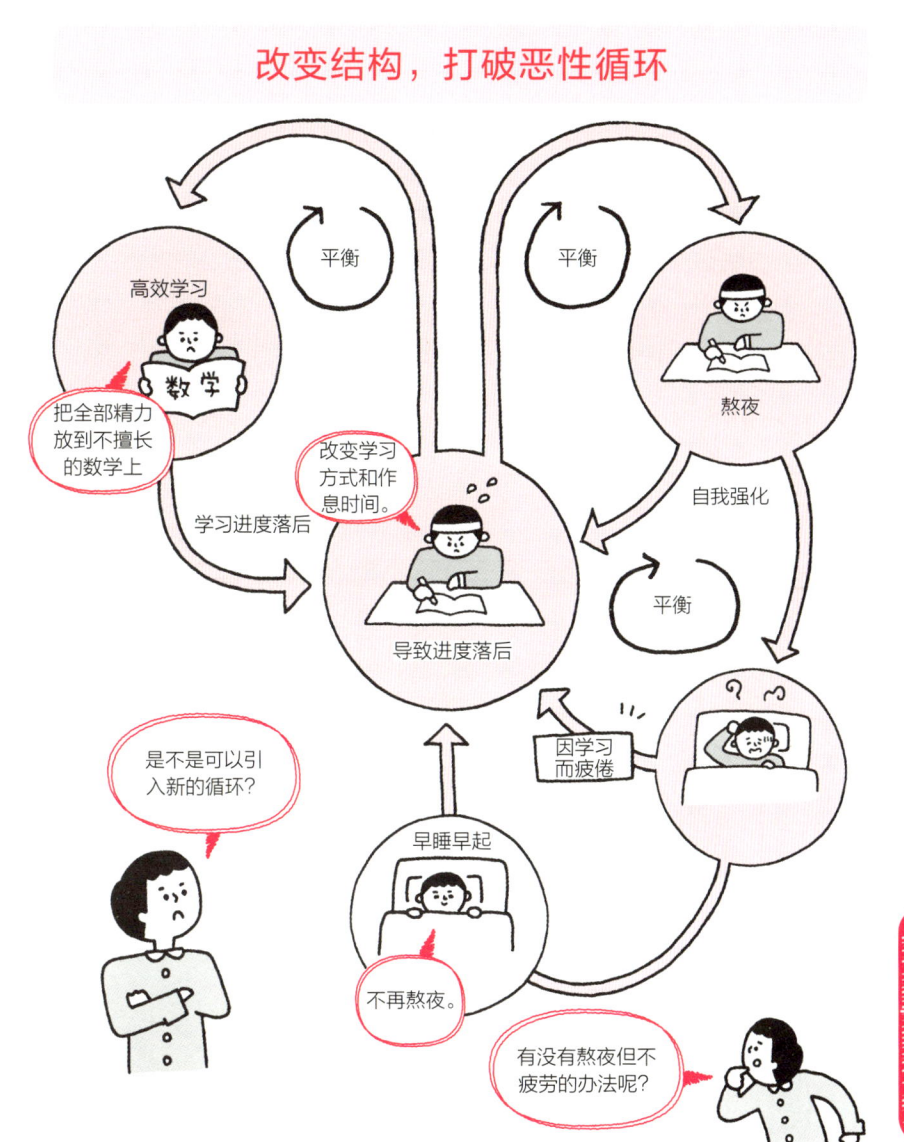

改变结构，打破恶性循环

高效学习
把全部精力放到不擅长的数学上
平衡
熬夜
自我强化
学习进度落后
改变学习方式和作息时间。
导致进度落后
平衡
因学习而疲倦
是不是可以引入新的循环？
早睡早起
不再熬夜。
有没有熬夜但不疲劳的办法呢？

第 6 章 解决难题

关键词 ➡ ☑ 心理模型、冰山模型

06 理解问题产生的基本结构

反复出现的问题，一般在根本上都有个人或组织的心理模型在起作用。如果不能打破这个模型，就无法解决问题。

有些事情会反复发生并遵循一定的模式。例如，业绩变差时员工会遭解雇这种现象会反复出现。这是因为存在一种恶性循环，即失去工作会给人的心理造成不好的影响，从而会导致人的身体变差。这个结构源自"如果业绩变差就必须被解雇"这一心理模型。冰山模型就是这样来理解问题的。

问题的深处存在心理模型

信息栏

正在考虑裁员。希望有意愿提前退职者主动报名！

怎么又裁员啊！

心理模型是指想法及信念等构成事物的前提。其本身并没有什么不好，但是像"必须要裁员"这种固有观念还是会成为解决问题的阻碍。如果想法能灵活一些，例如可以认为未必一定需要裁员，这样就能摆脱恶性循环及固定的模式。<u>检验心理模型是否妥当，可以成为解决问题的便捷方法。</u>

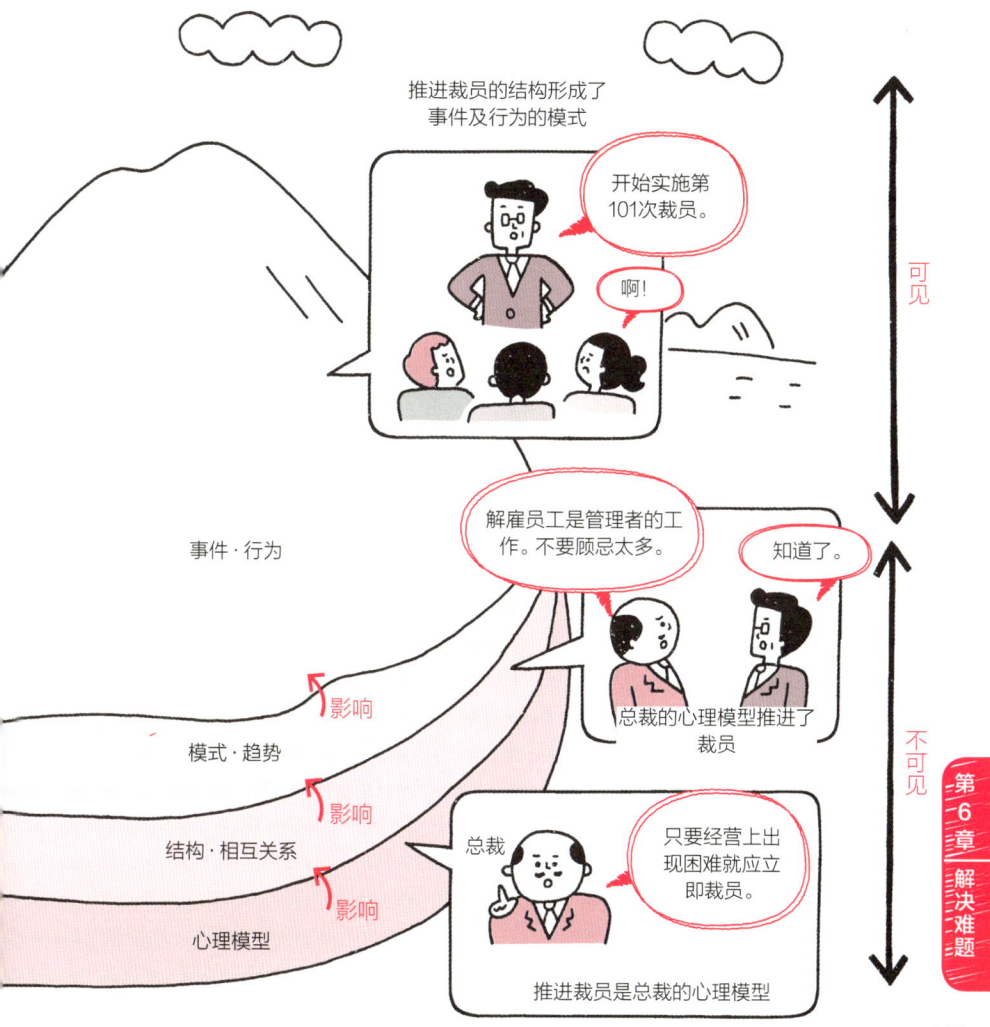

推进裁员的结构形成了事件及行为的模式

开始实施第101次裁员。

啊！

可见

事件·行为

解雇员工是管理者的工作。不要顾忌太多。

知道了。

总裁的心理模型推进了裁员

模式·趋势

影响

结构·相互关系

影响

总裁

只要经营上出现困难就应立即裁员。

心理模型

影响

推进裁员是总裁的心理模型

不可见

第6章 解决难题

关键词 → ✓ 免疫图

07 降低组织的免疫机能

问题总是不能得到解决，是因为表面上的目标与背后的目标之间存在竞争，从而形成了两难困境。

免疫图在解决与人以及组织有关的问题时可以发挥作用。首先要设定改进的目标，明确自己或组织究竟要改变什么。之后找出所有阻碍目标实现的行为，进而设想在未采取阻碍行为时将会产生哪些不安情绪并将其一一列举出来。这样一来，就能搞清楚阻碍行为存在的原因，也就是背后的目标。与需要改进的目标（表面的目标）相对立的背后的目标才是问题的真正原因。

通过免疫图分析问题的结构

第一步
需要改进的目标
设定自己或组织的目标。

第二步
阻碍行为
阻碍目标实现的行为是什么。

为了提高技术能力，我要拿下这个资格考试。

好啊，一定去。

今晚一块喝一杯吧。

如果试图改变什么，自我防御本能就会发挥作用，最终导致两难困境。也许可以将其比喻为心理免疫机能。背后的目标其实源自防御本能，激发防御本能的正是固有观念。这是一种根植于当事者心中的强烈信念。免疫图可以帮助我们找出这些固有观念，通过降低固有观念的影响来尽量消除可导致两难困境产生的因素。

要点

对组织进行改良时，可由多人共同完成免疫图的制作。这样可以发现平时没有注意到的问题，还能找到本公司存在的一些不想被其他公司知晓的问题。

**第六步
验证实验**

试一试固有观念是否总能成立。

今天不行。

拒绝邀约会不会得罪人？

不应该拒绝邀约。

**第三步
不安情绪**

不采取阻碍行为时的心情如何。

我不想让人觉得与我有来往的人是坏人。

不去喝酒，这种人真是奇葩。

**第五步
固有观念**

存在于自己心中的导致两难困境的固有观念是什么。

会遭人讨厌。

**第四步
背后的目标**

需要改进的目标未能实现而采取阻碍行为的理由是什么。

第6章 解决难题

关键词 ➡ ✅ 叙事疗法

08 将人与问题分离

人会根据自己想象出的故事来行动。如果是这样，对故事进行重新编排就是一个可有效解决问题的方法。

有一种问题是由人头脑中的故事引起的。人会根据故事对每个具体的认知及事件进行筛选甚至歪曲。叙事疗法旨在对自己的故事进行重新编排并构建出新的、具有积极意义的故事。这种方法不仅可以让问题不再成为问题，还能改变人的人生观与价值观。

自己编排的"故事"引发的问题

- 雨天干什么都倒霉。
- 没有我的号码。考砸了！
- 录取通知 001 006 002 007 003 008 004
- 被车撞了。
- 再见。
- 和女朋友分手了。

其实与下雨没有任何关系。但是在此人的内心之中，因为下雨而导致百事不顺的因果关系叙事已经形成。

当我们经历消极的事情时，会把各种事件按照自己心中的故事进行编排并将问题内化。这种情况就使自己的信念、价值观成为引发问题的因素。叙事疗法可将问题从当事者身上剥离开并将其外化。从客观的角度对问题进行验证，可以帮助我们找到解决问题的正确方向。

将问题外化之后再进行思考

好球，击打！

只要有一击，就可能逆转。

好，二人出局满垒。

糟了！

太差了！

差劲！

低级错误。

你本身不是问题，问题就是问题本身而已。

是吗？

失误。

技术太差了。

治疗专家

要客观地看问题。

- 经验不足
- 实力与对手有差距
- 今天的状态如此

都说中了！

问题在于我犯了低级错误且球打得不够好。

要点 叙事也就是讲述的意思。叙事疗法是让遭遇问题的人跟治疗专家对话，通过这种方法将被治疗者的故事变成积极的内容。

第6章 解决难题

关键词 → ☑ 会场法

09 利益相关者会商

很多问题是因利益相关者之间无法达成共识而产生的。所以，利益相关者集中在一起进行会商是很重要的，这种方法被称为会场法。

现在，我们可以把许多困扰我们的复杂问题，按照性质分为物理复杂性、生成复杂性、社会复杂性三类。物理复杂性是原因与结果在时间及空间上分离而产生的复杂性，最具代表性的例子是原发性问题。生成复杂性是不可预测性带来的复杂性，例如恐怖主义。社会复杂性是多样的价值观导致的复杂性，例如社会的全球化引发的问题。

以全员参加的方式来思考解决方案

所有与问题相关的人在一起讨论。

以对等的关系进行讨论。

进行开放式的讨论。

注意①
讨论时如果不能让所有人参加，就无法得到比较全面的结论。还会在转述信息的过程中使信息的内容出现偏差。

越是复杂的问题，越不能只依靠部分人员及组织来解决。需要所有的利益相关者聚在一起，共同商量解决之道，这就是所谓的"**会场法**"。此时非常重要的是要有现实社会的微观模型（small world）。不然的话，就很难找到对整体而言最适合的答案。不要争论谁的意见正确，而应该互相支持，共创同一个未来。

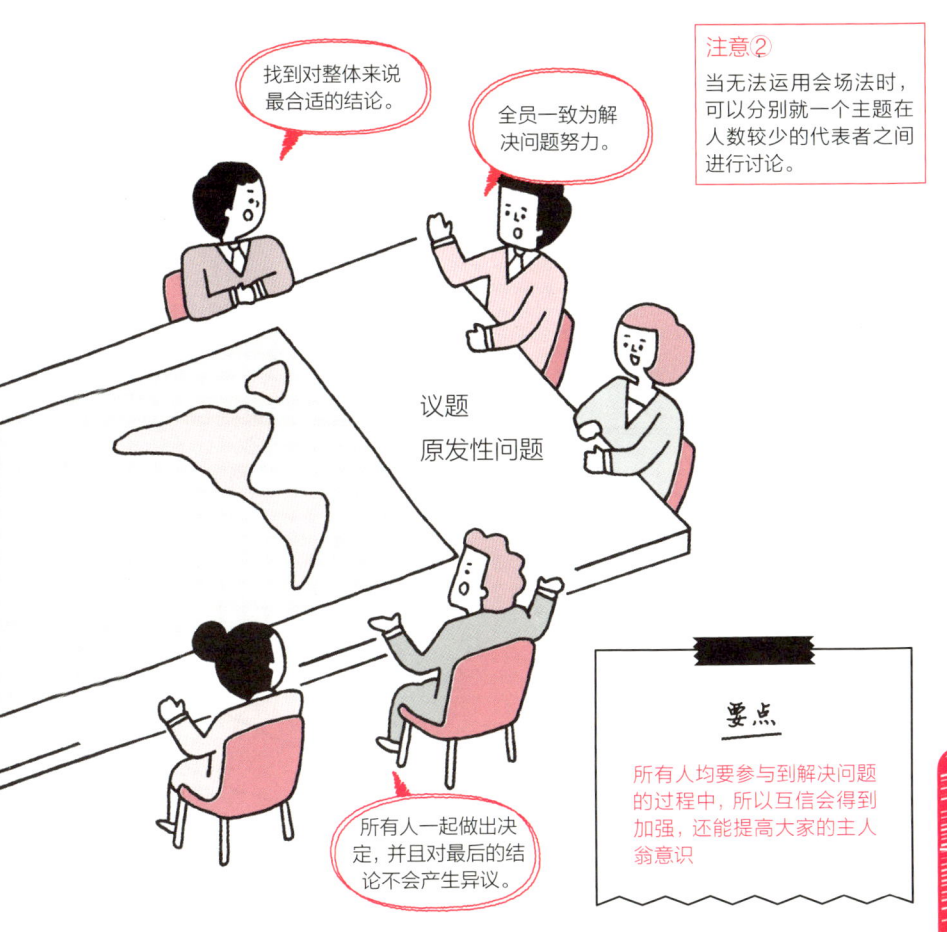

找到对整体来说最合适的结论。

全员一致为解决问题努力。

注意②
当无法运用会场法时，可以分别就一个主题在人数较少的代表者之间进行讨论。

议题
原发性问题

所有人一起做出决定，并且对最后的结论不会产生异议。

要点

所有人均要参与到解决问题的过程中，所以互信会得到加强，还能提高大家的主人翁意识

第6章 解决难题

关键词 ➡ ☑ 突破式思维

10 发现打破思维屏障的办法

如果从现状分析入手,则很容易被眼前的各种信息所左右,从而使工作遇到屏障。此时,应该尝试对真正的目的进行重新定义。

稳步推进,通过一点一滴的努力以及不断地改进来解决问题,这种方法在很多时候都是有效的。不过,如果面对难度较大的问题,则只靠这种方法是不行的。可以打破这种局面的方法就是<u>突破式思维</u>。放弃既有的框架,一鼓作气冲破障碍。这种方法的重点就在于可以打破思维的屏障。

突破式思维的五个步骤

第一步
明确目的
确定思考办法的对象。

让销售额提升。

第二步
将目的系列化
将目的按小目的、中目的、大目的的形式系列化。例如,书店顾客的小目的是买书,在此之上的大目的是满足求知欲望。

顾客的目的是什么呢?

与从现状入手对事情进行分析的方法不同,突破式思维是从重新确定目的开始。这里所说的目的不是眼前的目的,而是处理一件事情时的真正的目的。应打破一切制约,思考为了实现终极的目的可以采用什么适合的方法。这样就能在不被现状左右的前提下,按照自己的设想去实际解决问题。

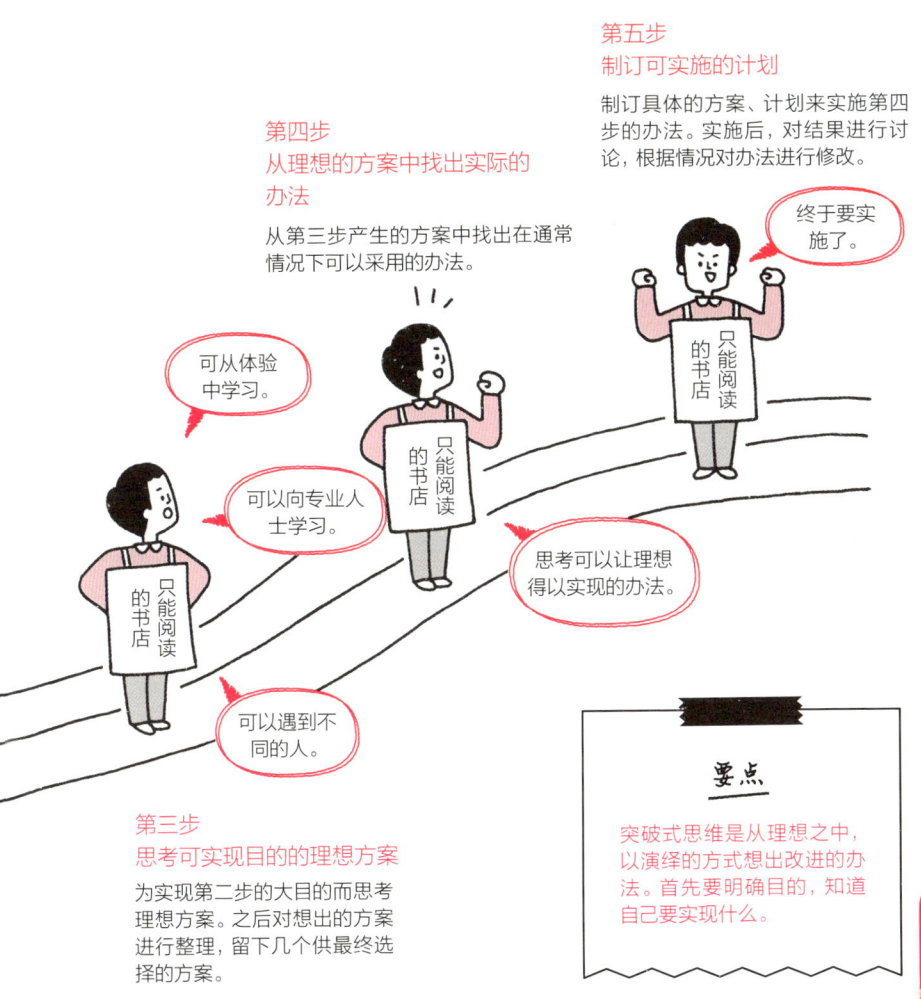

第五步
制订可实施的计划

制订具体的方案、计划来实施第四步的办法。实施后,对结果进行讨论,根据情况对办法进行修改。

> 终于要实施了。

第四步
从理想的方案中找出实际的办法

从第三步产生的方案中找出在通常情况下可以采用的办法。

> 可从体验中学习。

> 可以向专业人士学习。

> 思考可以让理想得以实现的办法。

> 可以遇到不同的人。

第三步
思考可实现目的的理想方案

为实现第二步的大目的而思考理想方案。之后对想出的方案进行整理,留下几个供最终选择的方案。

要点

突破式思维是从理想之中,以演绎的方式想出改进的办法。首先要明确目的,知道自己要实现什么。

第6章 解决难题

可视化图表 11

欧拉图

以多个圆来表示集合的关系

在数学课中,我们经常能见到表示多个集合相互关系的维恩图与欧拉图。这两种图,很多时候都没有什么严格的区别,一般而言,代表各个集合的圆有交集时我们称其为维恩图。不一定有交集的则是欧拉图,因此这种图常被用于表示包含关系。例如,亚洲人之中包含日本人,就是说日本人是亚洲人这个集合的一部分(子集)。在用图表示这种关系时,最适合采用无须存在交集的欧拉图。

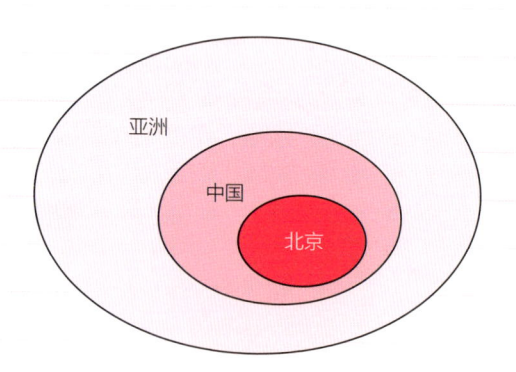

欧拉图的示例

通过示例的欧拉图,可以清楚地看出中国包含北京,亚洲包含中国。

可视化图表 12

流程图

以简单的方式表示工作流程

流程图是将工作流程可视化的一种工具，能够以简明的方式对整体工作的流程进行说明、把握。其构成也非常简单。有①开始、②处理、③条件分支（判断）、④完成这四个步骤，各步骤均以边框的形式来表示。条件分支是对输入的因素是否成功、是否妥当进行判断的一步，可以由此发现流程中是否存在失误及瓶颈。流程图被广泛运用于程序设计中，也是因为其具有以上的特点。

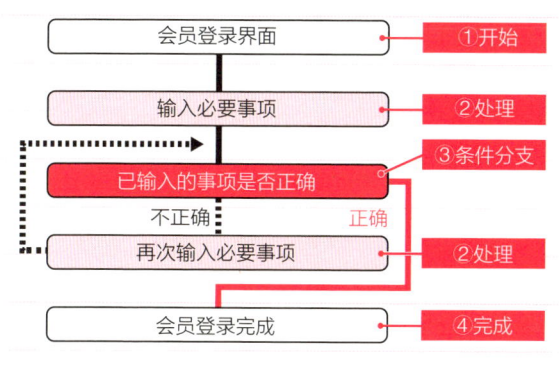

会员登录界面	①开始
输入必要事项	②处理
已输入的事项是否正确	③条件分支
不正确　　　　正确	
再次输入必要事项	②处理
会员登录完成	④完成

流程图的示例

示例的流程图展示了会员登录界面管理流程，一目了然。

专栏 6

遇到瓶颈时可以给自己发一封邮件

在解决问题的过程中如果遇到了瓶颈,有两种方法可以有效地让自己重新振作起来。

第一种方法是暂时将问题搁置,然后去了解一下别人是如何解决这个问题的。网上有很多问答网站,可以帮助我们获得一些解决问题的方案。但是你会发现,在大量的建议当中不存在可打一百分的正解。因此我们就能明白,问题的解决,其实就是与自己的期望进行妥协并将这个经过妥协的方案落于实处而已。

第二种方法是给自己发一封邮件,向自己汇报现状,跟自己商量问题。接收邮件的人虽然是自己,但应该设想"这是在向头脑聪明但工作繁忙的朋友求教",提出的问题要做到简单明了。虽然思考解决方案的人还是自己,但是以提问、商谈的形式进行思考,就能让我们回到解决问题的出发点并从全新的视角重新审视问题。

自学笔记

自学笔记

自学笔记

自学笔记

自学笔记

考える力がゼロから身につく！問題解決見るだけノート
堀 公俊

Copyright © 2019 by KIMITOSHI HORI

Original Japanese edition published by Takarajimasha, Inc.

Simplified Chinese translation rights arranged with Takarajimasha, Inc.,through Shanghai To-Asia Culture Co., Ltd.

Simplified Chinese translation rights © 2019 by China Science and Technology Press Co., Ltd.

北京市版权局著作权合同登记 图字：01-2020-4179

图书在版编目（CIP）数据

零基础问题解决笔记 /（日）堀公俊著；马谦译 . — 北京：中国科学技术出版社，2020.10

ISBN 978-7-5046-8766-1

Ⅰ . ①零… Ⅱ . ①堀… ②马… Ⅲ . ①问题解决（心理学）—通俗读物 Ⅳ . ① B842.5-49

中国版本图书馆 CIP 数据核字（2020）第 160726 号

策划编辑	申永刚　耿颖思
责任编辑	申永刚　陈洁
封面设计	马筱琨
版式设计	锋尚设计
责任校对	张晓莉
责任印制	李晓霖

出　　版	中国科学技术出版社
发　　行	中国科学技术出版社有限公司发行部
地　　址	北京市海淀区中关村南大街 16 号
邮　　编	100081
发行电话	010-62173865
传　　真	010-62173081
网　　址	http://www.cspbooks.com.cn

开　　本	880mm×1230mm　1/32
字　　数	185 千字
印　　张	6
版　　次	2020 年 10 月第 1 版
印　　次	2020 年 10 月第 1 次印刷
印　　刷	北京华联印刷有限公司
书　　号	ISBN978-7-5046-8766-1/B·58
定　　价	55.00 元

（凡购买本社图书，如有缺页、倒页、脱页者，本社发行部负责调换）